TU MU GONG CHENG LI XUE JI CHU
土木工程力学基础
（少学时）

中等职业教育课程改革国家规划新教材

全国中等职业教育教材审定委员会审定

总主编　张建荣

主　编　谭立波

主　审　杨正民　徐　悦

编　委　马翠红　王昌辉　李　欣

　　　　张立峰　张建荣　吴志红

　　　　陈　祥　南建林　徐伯英

　　　　诸葛棠　谭立波

（以上姓名皆按姓氏笔画排序）

U0397663

华东师范大学出版社

·上海·

图书在版编目（CIP）数据

土木工程力学基础：少学时/谭立波主编．—上海：华东师范大学出版社，2010.5
中等职业学校教学用书
ISBN 978-7-5617-7739-8

Ⅰ．①土… Ⅱ．①谭… Ⅲ．①土木工程－工程力学－专业学校－教材 Ⅳ．①TU311

中国版本图书馆 CIP 数据核字（2010）第 087002 号

土木工程力学基础（少学时）

中等职业教育课程改革国家规划新教材
全国中等职业教育教材审定委员会审定

主　　编　谭立波
责任编辑　李　琴
审读编辑　沈吟吟
装帧设计　冯　笑

出版发行　华东师范大学出版社
社　　址　上海市中山北路 3663 号　邮编 200062
网　　址　www.ecnupress.com.cn
电　　话　021-60821666　行政传真 021-62572105
客服电话　021-62865537　门市（邮购）电话 021-62869887
地　　址　上海市中山北路 3663 号华东师范大学校内先锋路口
网　　店　http://hdsdcbs.tmall.com

印 刷 者　上海龙腾印务有限公司
开　　本　787×1092　16 开
印　　张　8.25
字　　数　160 千字
版　　次　2012 年 2 月第 1 版
印　　次　2022 年 12 月第 13 次
书　　号　ISBN　978-7-5617-7739-8/G·4477
定　　价　14.00 元

出 版 人　王　焰

（如发现本版图书有印订质量问题，请寄回本社客服中心调换或电话 021-62865537 联系）

中等职业教育课程改革国家规划新教材
出版说明

为贯彻《国务院关于大力发展职业教育的决定》（国发〔2005〕35 号）精神，落实《教育部关于进一步深化中等职业教育教学改革的若干意见》（教职成〔2008〕8 号）关于"加强中等职业教育教材建设，保证教学资源基本质量"的要求，确保新一轮中等职业教育教学改革顺利进行，全面提高教育教学质量，保证高质量教材进课堂，教育部对中等职业学校德育课、文化基础课等必修课程和部分大类专业基础课教材进行了统一规划并组织编写，从 2009 年秋季学期起，国家规划新教材将陆续提供给全国中等职业学校选用。

国家规划新教材是根据教育部最新发布的德育课程、文化基础课程和部分大类专业基础课程的教学大纲编写，并经全国中等职业教育教材审定委员会审定通过的。新教材紧紧围绕中等职业教育的培养目标，遵循职业教育教学规律，从满足经济社会发展对高素质劳动者和技能型人才的需要出发，在课程结构、教学内容、教学方法等方面进行了新的探索与改革创新，对于提高新时期中等职业学校学生的思想道德水平、科学文化素养和职业能力，促进中等职业教育深化教学改革，提高教育教学质量将起到积极的推动作用。

希望各地、各中等职业学校积极推广和选用国家规划新教材，并在使用过程中，注意总结经验，及时提出修改意见和建议，使之不断完善和提高。

教育部职业教育与成人教育司

2010 年 6 月

本教材根据教育部 2009 年颁布的中等职业学校《土木工程力学基础》教学大纲,并按照相关的国家职业技能标准和教育部中等职业教育课程改革国家规划新教材编写的指导思想进行编写。

本教材致力于使学生通过力学基础知识的学习,初步具备分析和解决土木工程简单结构、基本构件受力问题的能力,并为日后学习专业知识、掌握相关职业技能和继续深造奠定基础。本教材适应目前中等职业教育"校企结合,工学结合"的人才培养模式改革,突出了知识的实践性和应用性,可以满足培养第一线技能型人才的需要。

本教材在内容的整体编排上,采用了循序渐进的方法,做到了从抽象到具体、一般到特殊、简单到复杂,将知识转化为能力的层层推进。在编写过程中,本教材一方面注意结合学生熟悉的生活环境,从具体实例出发,培养学生发现问题、分析问题、解决问题的能力;另一方面注重典型工程实例与理论的结合,强调了知识在实践中的应用性,帮助学生对这一基础课程有更为清晰的概念和认知。

本教材在内容的安排上,具有如下特点:

(1) 从生活中的新闻引入正文内容。在每一个章节开头,都采用了发生在学生生活中的新闻报导,涵盖了各种各样的力学知识,旨在激发出学生的学习热情,引导他们带着疑问和思考进入各章的学习中去。

(2) 150 余幅精美图片贯穿全书。采用了涉及工程实景、实物、生活场景等多个方面的精美图片,生动、直观地帮助学生完成理论知识的学习。

(3) "想一想"与"练一练"。将每一节的学习内容与学生熟悉的生活中的例子紧密结合,通过"想一想"环节,强化学生的学习成果。另外,通过"练一练"来巩固学生对于重要知识点的掌握。

(4) 点滴身边事,学做职业人。采用了与工程质量息息相关的新闻报导,用这些发生在身边的实例,将严谨的职业态度和优良的职业品德融入到学生的专业学习中,帮助其树立正确的职业意识。

此次中等职业教育课程改革国家规划新教材的编写,得到了有关行业专家,以及众多全国一线教师的悉心指导与帮助,在此一并表示感谢。鉴于作者水平有限,难免有不足之处,敬请广大读者批评指正。

编　者
2010 年 7 月

目录 Contents

土木工程力学基础（少学时）

第一章
力和受力图

在我们的日常生活中,力无处不在。孩子拉着玩具小鸭前行;锻炼身体的男生举起哑铃时肌肉紧绷;老奶奶使用弹簧秤称量物体时弹簧被重物拉长;熟透的苹果和抛出的球落在地面上;由于月球的引力作用而产生的潮汐;桥梁在车辆通行时产生下沉弯曲……所有这些生活现象都告诉我们:力是使物体产生变形或者改变物体运动状态的根本原因。

本章我们用 F 表示力,并学习力的概念和静力学公理,熟悉约束和约束反力的概念以及正确地绘制出物体的受力图。

挑战地心引力的北京央视大楼

北京央视大楼(如图 1-0-1 所示)的主楼高 234 m，地上 52 层、地下 3 层，设 10 层裙楼，建筑面积 47 万 m²。主楼的两座塔楼双向内倾斜 6°，在 162 m 高处被 14 层高的悬臂结构连接起来，两段悬臂分别外伸 67 m 和 75 m，且没有任何支撑，在空中合龙为 L 形空间网状结构，总体形成一个闭合的环。它的奇特外形被喻为设计师向地球引力发出的严重挑战。

一般建筑的柱有时只是局部受拉或在地震发生往复运动时瞬间受拉。而央视新大楼塔楼由于倾斜，有些竖向构件是永久性受拉。为了坚固可靠，经受得住地震和大风的侵袭，设计还采用了高强度的锚栓，把柱子牢牢地锚固在底板里。

图 1-0-1

带"洞洞"的上海环球金融中心

上海环球金融中心(如图 1-0-2 所示)是位于上海陆家嘴的一栋摩天大楼，目前为上海第一高楼、世界第三高楼、世界最高的平顶式大楼，楼高 492 m，地上 101 层，地下 3 层。

上海环球金融中心的顶部有一个倒梯形的洞，这个很奇特的洞有什么作用吗？原来这是设计师为了减少高空风压而设计的"风洞"。

大楼在 90 层(高 395 m)设置了两台风阻尼器，各重 150 t，使用感应器测出建筑物遇风的摇晃程度，并通过电脑计算以控制阻尼器移动的方向，减少大楼由于强风而引起的摇晃。如果强风从北面刮来，配重物就好比一个巨大的"钟摆"摆向北面，使风阻尼器产生一种与风向相反的"力量"，从而"消化"建筑物的摇晃程度，减小强风对建筑物的影响。

图 1-0-2

以上两幢建筑物的成功建设都同样反映了建筑力学在高层建筑中的全面应用，如果想成为杰出的设计师，就让我们从最基本的建筑力学开始学起来吧。

一般情况下，一个物体总是同时受到多个力的作用。例如：建筑物的柱子除了承受自身的重量之外，还要承受由楼板传递来的人员、设备及家具等合力的作用。另外，它还受到地基力的支持。

我们把作用在同一物体上的一群力称为**力系**，图 1-1-1 所示为建筑物中的柱子。

图 1-1-1

物体在力系作用下，相对于地球处于静止或保持匀速直线运动的状态，即物体的运动不发生改变的状态，称为**平衡**状态。例如：正常使用的房屋、桥梁，匀速下降的电梯等等都处于平衡状态。

 想一想

在你的身边和平时生活中，哪些物体处于平衡状态，哪些又是处于不平衡状态的呢？以下物体处于平衡状态的请打钩表示。

□ 站在钢丝上的小丑演员；

□ 学校的教学大楼；

□ 停在停车场上的汽车；

□ 直线轨道上匀速行驶的火车；

□ 缓慢离站的火车；

□ 火灾中正在倒塌的楼房；

□ 比萨斜塔。

静力学研究的是物体在力系作用下的平衡规律。

正常使用状态下的建筑物中梁、楼板、墙体、柱子、基础等都可以作为静力学的研究对象。

1. 力的概念

力是物体之间的相互机械作用。

（1）力不能离开物体。脱离物体，就没有力的存在。

（2）力一定是物体间的相互作用，有施力物体就必有受力物体。

例如，我们推门时，手对门施加了力，手是施力物体，则门是受力物体。

力按照作用方式可分成两类：一类是两个物体相互接触的，如：家具对楼板的压力、手对门的推力、桌面对放置其上的书本的支持力等；另一类是物体间不接触的力，如：地球对物体产生的地心引力（重力）。

2. 力的作用效应

力对物体的作用将会产生使物体位移或使物体变形这两种效应，如：一种是用手推门使门打开（或关闭）、发动引擎加油门使车辆开始行驶、踢球使足球飞入球门等；另一种是用力弯曲铁丝、用弹簧秤称量重物时弹簧被拉长等。前一种是力使物体的运动状态发生了变化，我们把它称为力的**外效应**；第二种是力使物体的形状或大小发生了变化（即变形），我们把它称为力的**内效应**。

任何物体在力的作用下都会发生变形，虽然这种变形有时非常微小，我们无法用肉眼观察到。在建筑工程中的大多数物体，如：梁、柱等的变形也很微小，对于研究物体平衡问题的影响不大，可以忽略不计。在静力学中，我们把物体抽象地看作在任何外力作用下形状和大小都不改变的**刚体**，即静力学的研究对象都是刚体。

3. 力的三要素

力对物体的作用效果取决于以下三个要素。

（1）力的大小：力的大小是指物体间相互作用的强弱程度，用牛顿（N）或千牛（kN）来度量。例如：提起质量为 1 kg 的青菜需要 9.8 N 的力。

（2）力的方向：力的方向是指静止的物体在该力作用下可能产生的运动（或运动趋势）的方向。如图 1-1-2(a)所示静止的小车在力 F 的作用下，会产生向右的运动（或运动趋势）；而当小车受到图 1-1-2(b)所示同样大小、方向相反的力 F 作用时，运动（或运动趋势）方向则刚好相反。

(a)   (b)

图 1-1-2

（3）力的作用点：将长方形木块放置在桌面上如图 1-1-3 所示，如果力 F 的作用点较低，木块可能向前移动，如图 1-1-3(a)所示；如果力 F 的作用点较高，木块则可能会翻倒，如图 1-1-3(b)所示。

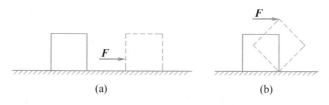

(a)   (b)

图 1-1-3

4. 力的图示

力对物体的作用效应由力的大小、方向和作用点决定,力是矢量,可以用一个带箭头的线段来表示。线段的长度按照一定的比例表示力的大小;箭头的指向表示力的方向;箭头或箭尾表示力的作用点,本书中采用黑体字母表示矢量,如:**F**,**P**,**G**,**N**等;用普通字母表示矢量的大小,如:F,P,G,N。如图 1-1-4 所示,$F = 20 \text{ kN}$。

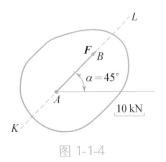

图 1-1-4

练一练

根据应用力的图示法作图要求,画出 A 点所受到的三个力(比例尺自定),见图 1-1-5。
(1) 竖直向下的拉力 $F_1 = 20 \text{ kN}$;
(2) 与水平方向逆时针夹角30°向上拉力 $F_2 = 5 \text{ kN}$;
(3) 与水平方向顺时针夹角45°向上拉力 $F_3 = 10 \text{ kN}$。

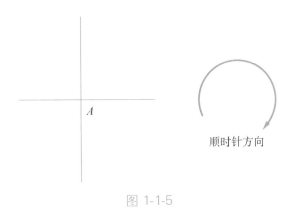

图 1-1-5

第二节 静力学公理

静力学公理是人们在实践中经过反复观察和实验总结出来的,它是我们研究物体平衡的理论基础。

1. 二力平衡公理

公理 1 作用在同一刚体上的二力,使刚体平衡的充要条件是:这两个力的大小相等、方向相反且作用在同一条直线上。即两个力等值、反向、共线,如图 1-2-1 所示。在建筑工程中常遇到只受二力作用而达到平衡状态的构件,如:桁架内的直杆、支撑内的撑杆等。

土木工程力学基础(少学时)

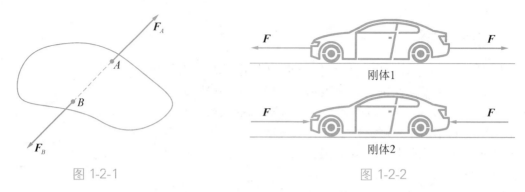

图 1-2-1   图 1-2-2

上述二力平衡公理对于刚体既是充分的,也是必要的;而对于变形体只是必要而非充分的。如图 1-2-2 所示的刚体两端若受到一对大小相等、方向相反的拉力作用就可以达到平衡状态,同样受压力作用也可以达到平衡状态。

受二力作用而处于平衡状态的杆件或构件称为二力杆件(简称为二力杆)或二力构件。如图 1-2-3 所示的 AB 杆由于只在 A,B 两点受力而达到平衡,根据公理 1,可知 A,B 两点所受的力必定大小相等、方向相反且作用于同一直线上。据此,我们也可以得出结论:即处于平衡状态的二力杆(构件)所受的力一定是一对等值、反向且作用线在两受力点连线上的力。

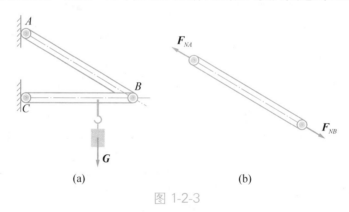

(a)   (b)

图 1-2-3

想一想

图 1-2-4 所示为一个带滑轮装置的二力杆,请说出该杆件两端力的作用线位置。(提示:图中 A, B, C, D 各点均为圆柱铰链连接,可以看作该点有一个力作用)

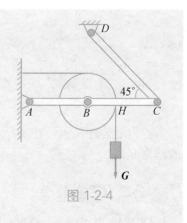

图 1-2-4

2. 加减平衡力系公理

公理2 在作用于刚体的任意力系中,增加或减少任何一个平衡力系,都不改变原力系对刚体的作用效应。

推论:力的可传性原理——作用于刚体上的力可以沿其作用线移动到刚体内的任意一点,而不会改变该力对刚体的作用效应。

由推论可知,对于刚体而言,作用点并不重要,影响力的作用效应的是力的作用线。因而,力的三要素是大小、方向和作用线。

练一练

请根据图 1-2-5,运用加减平衡力系公理证明力的可传性原理。

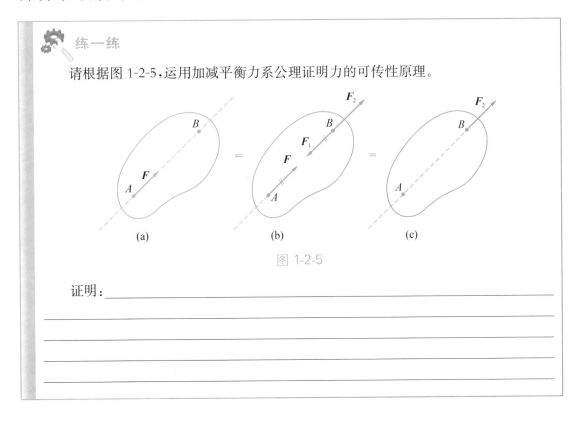

图 1-2-5

证明:_____

_____

_____

_____

_____

想一想

比较图 1-2-6 中的(a)、(b)两图,当力沿着作用线移动后,力的作用效应是否改变?由此可得力的可传性原理的使用条件是什么?

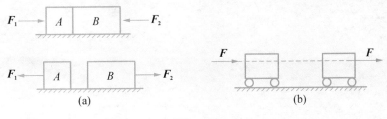

图 1-2-6

土木工程力学基础(少学时)

3. 作用与反作用定律

公理 3　两物体间的相互作用力总是同时存在,且两个力大小相等、方向相反、沿同一直线分别作用在这两个物体上。

如图 1-2-7 所示,车头对车身施加了大小为 0.2 kN、方向向右的力,而车身则反过来对车头施加了大小为 0.2 kN、方向向左的力,这两个力大小相等、方向相反,并在同一直线上分别作用在车身和车头上。

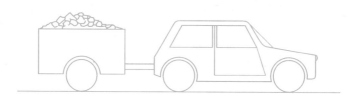

作用力 = 0.2 kN = 反作用力

图 1-2-7

🔆 想一想

图 1-2-8 所示为中国传统建筑中的柱础,它是木结构建筑中柱子下方支撑的一块石墩,目的是使柱脚与地坪隔离,起到防潮作用;同时,又增强了柱基的承载力。假设柱子对柱础的压力为 10 kN,则柱础对柱子支持力的大小是多少?请你画图分别表示出柱子和柱础的受力情况。

图 1-2-8

4. 力的平行四边形法则

公理 4　作用在物体上同一点的两个力,可以合成为仍作用于该点的一个合力,其大小和方向可由这两个力为邻边所构成的平行四边形的对角线矢量来表示。

如图 1-2-9 所示,已知在物体的 A 点上作用有力 F_1 和 F_2,两个力的夹角为 α,过 A 点按比例尺绘制 F_1,F_2,再以 F_1,F_2 为边作平行四边形 $ABCD$。那么,对角线 AC 线段的长度就是合力的大小,其方向就是合力的方向,即矢量 F_R 就是力 F_1,F_2 的合力。

图 1-2-9　　　　　　　　　图 1-2-10

推论:三力平衡汇交定理——如果一刚体受共面不平行的三力作用而达到平衡状态,则此三力的作用线必汇交于一点,如图 1-2-10 所示。

第三节　约束与约束反力

建筑物中,楼板由于受到梁或墙体的限制而不能移动,墙体受到基础的限制也无法移动。在力学中,我们把这些对于物体的运动或运动趋势起到限制作用的限制条件(或周围其他物体)称为该物体的**约束**。在前面的例子中,梁和墙体是楼板的约束、基础是墙体的约束。

约束限制了物体某些方向的运动,因此约束必定对物体作用一定的力,同时承受物体等值、反向的作用力,这种力称为约束反力(或反力)。

1. 柔体约束

由绳索、链条、皮带等软体构成的约束称为**柔体约束**。柔体约束通过接触点并沿着柔体中心线离开物体,表现为拉力,如图 1-3-1 所示。

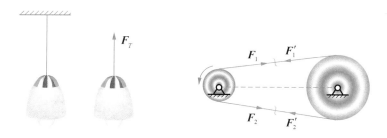

图 1-3-1

土木工程力学基础(少学时)

图 1-3-2 中哪些是柔体约束？并绘出其各自的约束反力的作用线和方向。

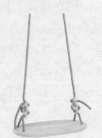

秋千

斜拉索大桥

塔式起重机

图 1-3-2

2. 光滑接触面约束

当两物体在接触处的摩擦力很小可以忽略不计时，其中一个物体就是另一个物体的**光滑接触面约束**。这种约束不论接触面的形状如何，都只能在接触面的公法线方向上将被约束物体顶住或支撑住，所以光滑接触面的约束反力通过接触点，沿着接触面的公法线指向被约束的物体，表现为压力，如图 1-3-3 所示。

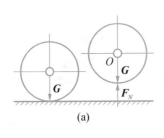

(a)

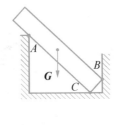

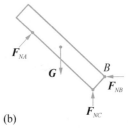

(b)

图 1-3-3

练一练

图 1-3-4 中,钢管受到 V 形支撑面的作用而保持平衡,请画出图中钢管的受力图,摩擦力忽略不计。

图 1-3-4

3. 光滑圆柱铰链约束

光滑圆柱铰链简称铰链。门窗合页就属于一种铰链,它是由一个圆柱形的销钉插入另一个构件的圆柱孔中连接形成的,并且假定销钉与圆柱孔的表面完全光滑。

光滑圆柱铰链约束只能限制物体在垂直于销钉轴线的平面内沿任意方向的相对移动,而不能限制构件绕销钉转动。

铰链的约束反力在垂直于销钉轴线的平面内,其作用线通过销钉中心但方向未定,可用两个相互垂直的正交分力 F_x 和 F_y 来表示,如图 1-3-5 所示。

图 1-3-5

练一练

圈出图 1-3-6 中所有物品的圆柱铰链约束,说说它们对于该物品的约束作用。

图 1-3-6

土木工程力学基础(少学时)

4. 链杆约束

链杆是指两端用圆柱铰链相连而中间不受力(不计杆件自重)的直杆。如图 1-3-7 所示，*BC* 杆就是 *AB* 杆的链杆约束。这种约束只能限制物体沿链杆轴线方向的运动，其约束反力沿着链杆的轴线，指向未定。链杆是二力杆，所以它的两端受力等值、反向、共线。

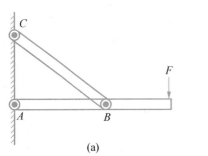

(a)

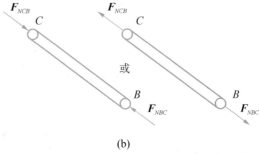

(b)

图 1-3-7

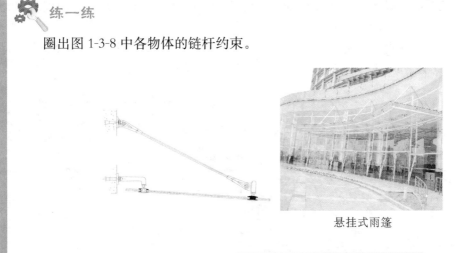

🔧 **练一练**

圈出图 1-3-8 中各物体的链杆约束。

悬挂式雨篷

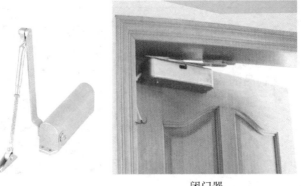

闭门器

土木工程力学基础(少学时)

北京农业展览馆张弦梁空间桁架

图 1-3-8

5. 支座

支座也是约束的一种形式。按照对于构件的约束方式，支座可分为以下三种：

（1）可动铰支座。

如图 1-3-9 所示的支座既允许构件绕铰 A 转动，又允许构件通过滚轴沿着支座支承面水平方向移动，即只限制构件沿垂直于支承面方向的移动。所以可动铰支座的支座反力只有垂直于支承面的反力 F_{RA}，反力通过铰心 A，指向（或离开）受力构件，方向未定。

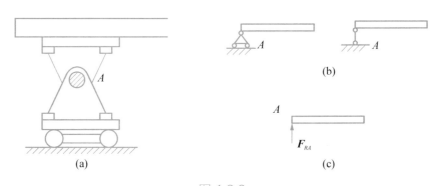

(a) (b) (c)

图 1-3-9

（2）固定铰支座。

固定铰支座固定在支承面上，只允许构件绕着铰 A 转动，不能产生任何方向的移动。所以固定铰支座的支座反力是一个通过铰 A，方向未定的力，可用水平反力 F_{Ax} 和竖直反力 F_{Ay} 表示，如图 1-3-10 所示。

在砖混结构中，位于门窗洞口的上方，通常要设置过梁。过梁的两端搁置在砖墙上，在实际工程中，将位于门窗洞口上方的过梁一端简化为可动铰支座，另一端简化为固定铰支座，如图 1-3-11 所示。

土木工程力学基础（少学时）

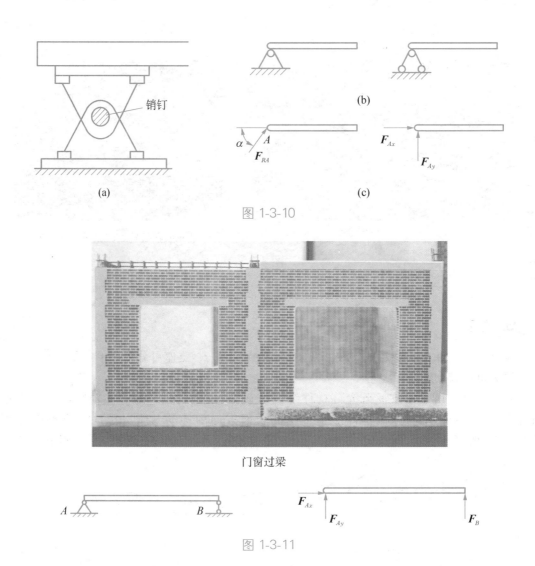

图 1-3-10

门窗过梁

图 1-3-11

（3）固定端支座。

钢筋混凝土现浇雨篷板中,雨篷板所处固定端在水平、竖直方向的移动和转动都受到限制,这种支座称为**固定端支座**,如图 1-3-12 所示。固定端支座反力可以用水平方向反力 F_{Ax}、竖直方向反力 F_{Ay} 和限制物体转动的反力偶 M_A（力偶将在第二章讨论）来表示,如图 1-3-13 所示。

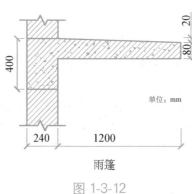

雨篷

图 1-3-12

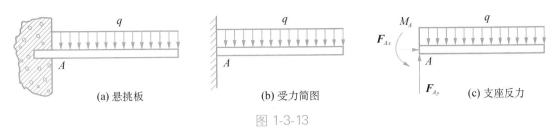

(a) 悬挑板　　　　　　　　(b) 受力简图　　　　　　　(c) 支座反力

图 1-3-13

想一想

　　请根据前面你所学习到的几种约束(支座)的有关知识,将下列表格中的空白部分填写完整。在今后的学习中你将会发现,牢牢记住表中所列的六种约束类型及其约束反力的表示方法,将对你的学习带来很大帮助。

表 1-3-1　约束和约束反力一览表

序号	约束类型	实　例	约束反力	备　注
1	柔体约束	绳　G	F_T　G	约束反力为拉力,沿绳子的中心线离开脱离体
2	光滑接触面约束	G	O　G　F_N	
3	圆柱铰链约束			
4				
5	可动铰支座/链杆约束			
6		q　A		

第四节　受力图

　　研究静力学问题,首先要对物体进行受力分析,明确物体受到哪些力的作用,一般把需要研究的物体从周围的物体中脱离出来。我们把被脱离出来的研究对象称为**分离体**。另外,把土木工程中的房屋、桥梁以及水塔等在使用过程中所受的外力称为**荷载**。在分离体上画出物体所受到的所有的力(包括主动力和约束反力),这种表示物体受力情况的图形称为**受力图**。

　　画受力图的步骤如下:

　　(1) 选取研究对象,即分离体。它可以是一个物体,也可以是若干物体组成的一个物体系统。

　　(2) 画出分离体上已知的主动力。不增不漏,不错画。

　　(3) 根据物体被解除的约束类型,画出约束反力,用不同的字母标注。

　　(4) 如果是分别绘制两个相互作用物体的受力图,一定要注意两物体间的相互作用力必须符合公理 3。

　　(5) 同一约束反力,在各受力图中假设的指向必须一致。

　　[**例 1**]　重力为 **G** 的小球,如图 1-4-1(a)放置,试画出小球的受力图。

　　解:(1) 取小球为分离体。

　　(2) 画出主动力——重力 **G**。

　　(3) 画出绳子 A 点的约束反力 F_T——沿着绳子离开小球;光滑接触面 B 点的约束反力 F_N——垂直于接触面(即沿着小球的半径 OB),并指向小球,如图 1-4-1(b)所示。

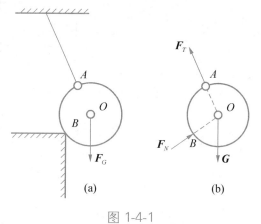

图 1-4-1

　　[**例 2**]　请画出如图 1-4-2(a)所示刚架 $ABCD$ 的受力图,不计刚架自重。

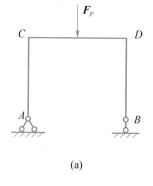

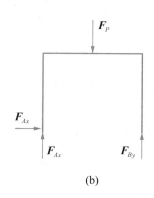

图 1-4-2

解:(1) 取刚架 *ABCD* 为分离体。

(2) 画上刚架所受的主动力 $\boldsymbol{F}_P$。

(3) 画出固定铰支座 *A* 点的约束反力——用水平分力 $\boldsymbol{F}_{Ax}$ 和竖直分力 $\boldsymbol{F}_{Ay}$ 表示(一个未知方向和作用线的合力);画出链杆约束 *B* 点的约束反力 $\boldsymbol{F}_{By}$——沿着链杆的中心线,方向未定。(图中箭头指向均为假设)

[**例 3**] 梁 *AB* 受均布荷载 *q* 作用,如图 1-4-3(a)所示,请画出该梁的受力图。

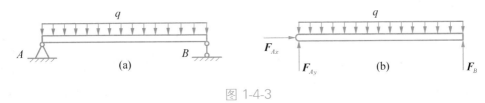

图 1-4-3

解:(1) 以梁 *AB* 为分离体。

(2) 画出梁的主动力——均布荷载 *q*。

(3) 画出固定铰链 *A* 点的支座反力——用水平分力 $\boldsymbol{F}_{Ax}$ 和竖直分力 $\boldsymbol{F}_{Ay}$ 表示(一个未知方向和作用线的合力);画出链杆约束 *B* 点的约束反力 $\boldsymbol{F}_B$——沿着链杆的中心线,方向未定。(图中箭头指向均为假设)

[**例 4**] 如图 1-4-4 所示的等腰三角形刚架的顶点 *A*,*B*,*C* 都用铰链连接,不计各杆自重,试画出杆 *AB* 和 *BC* 的受力图。

解:(1) 先取杆 *BC* 为分离体。由于杆 *BC* 只在两端受到圆柱铰链的约束反力作用,为二力杆。根据公理 1,*B*,*C* 两端的受力应该大小相等、反向、共线,所以沿着 *BC* 的连线方向绘制 $\boldsymbol{F}_B$,$\boldsymbol{F}_C$($\boldsymbol{F}_B = \boldsymbol{F}_C$),如图 1-4-5(a)所示。

图 1-4-4

(2) 取杆 *AB* 为分离体。

① 画出主动力 $\boldsymbol{F}$;

② 根据公理 3,画出杆 *BC* 对杆 *AB* 在 *B* 点的反作用力 $\boldsymbol{F}_B{}'$,即 $\boldsymbol{F}_B$ 和 $\boldsymbol{F}_B{}'$ 大小相等、反向、共线。

③ 画出圆柱铰链 *A* 点的约束反力——水平分力 $\boldsymbol{F}_{Ax}$ 和竖直分力 $\boldsymbol{F}_{Ay}$,如图 1-4-5(b)所示。

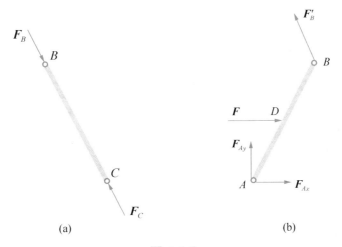

图 1-4-5

土木工程力学基础(少学时)

请为以下各建筑结构寻找合适的计算简图，并画出它们各自的受力图。

A. 钢结构门式刚架

B. (门)过梁

C. 钢筋混凝土柱子

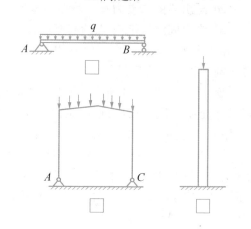

图 1-4-6

本 章 小 结

一、基本概念

1. 平衡：物体相对于地面静止或作匀速直线运动的状态。

2. 力：物体间的相互作用，这种作用的效应使物体的运动状态或形状发生改变。前者称为力的外效应，后者称为力的内效应。力是矢量，力的基本单位是牛顿。

3. 力系：同时作用于同一物体上的一群力。

4. 约束：对物体运动起限制作用的周围物体。

5. 约束反力：约束作用于被约束物体的力。

二、基本公理

1. 二力平衡公理，二力杆。

2. 加减平衡力系公理及力的可传性原理。

3. 力的平行四边形法则及三力平衡汇交定理。

4. 作用与反作用公理。

三、常见的约束类型及其约束反力

1. 柔体约束：只能受拉不能受压，约束反力通过接触点沿柔体的中心线背离被约束物体。

2. 光滑面约束：只能受压不能受拉，其约束反力通过接触点沿接触面的公法线指向被约束物体。

3. 光滑圆柱铰链约束：圆柱铰链的约束反力在垂直于销钉轴线的平面内，通过销钉的中心，方向未定。

4. 固定铰支座：约束反力通过接触点并通过销钉的中心，但由于接触点的位置不能确定，其约束反力的方向也不能确定，通常用两个正交分力表示。

5. 可动铰支座：约束反力通过铰链中心并垂直于支承面。

6. 链杆约束：只能限制物体沿链杆轴线方向的运动，其约束反力沿着链杆的轴线，指向未定。链杆是二力杆，所以它的两端受力等值、反向、共线。

四、受力图的画法

1. 受力图的概念：将物体所受的全部主动力和约束反力都表示出来的图形称为受力图。

2. 画受力图的步骤：①明确研究对象，解除约束，画出分离体；②分析并在分离体上画出主动力；③分析并在分离体上画出约束反力。

3. 画受力图的注意事项：①必须画出分离体图；②画约束反力时，必须严格按约束类型的性质去画，不能凭空想象；③不多画，只画研究对象所受的力，不画研究对象作用于其他物体的力。不少画，凡是解除约束的地方都要分析有无约束反力；④应准确地找出二力杆并从二力杆入手；⑤注意作用力与反作用力的关系。

第二章
平面力系的平衡

对称式设计在我们的日常生活中随处可见,其存在的主要原因是对于力的均衡所表现出的稳固性。通过建筑结构的有关研究发现:对称结构抵抗扭转变形的能力比非对称结构要强。因此,对称性在建筑结构设计中的运用很广泛,不管是建筑结构的体型,还是基本的建筑结构构件,甚至荷载的分析方法,都用到了对称性。

本章中,我们将通过学习力的投影、平面汇交力系的平衡等知识,了解力矩和力偶的相关概念、性质和具体计算方法。

起吊事故卡车反被拉下深沟

2008 年 6 月 15 日凌晨,一台正在 316 国道某省山区路段处理起吊事故卡车的吊车,突然失去重心发生倾覆。事发刹那,吊车司机大声示警,现场 5 名作业人员跳车避险,一名男子脱身不及当场被压身亡。

事故现场一片狼藉,一台中型吊车四轮朝天,吊车吊臂倒在路旁八九米深的沟里,顶端已扎入沟底土石中。

图 2-0-1

在以上的新闻事件中,为什么吊车会倾覆?引起吊车倾覆的主要原因可能有哪些?吊车一般向哪个方向倾覆?为什么?可以采取哪些措施防止吊车倾覆、避免人员伤亡呢?通过本章的学习,希望能帮助你解答以上问题。

第一节 平面力系的分类

我们把作用在同一物体上的一群力称为**力系**。通常我们按照力系中各个力的作用线是否在同一平面内,将力系区分为**平面力系**和**空间力系**。平面力系是指所有力的作用线都在同一平面内;空间力系是指所有力的作用线不全在同一平面内。

在平面力系中,当所有力的作用线都汇交于一点时称为平面汇交力系;各力作用线平行时称为平面平行力系;各力作用线既不汇交又不平行时称为平面一般力系;由若干个力偶(一对大小相等、方向相反、作用线相互平行的两个力称为一个力偶)组成时称为平面力偶系。如图 2-1-1 所示。

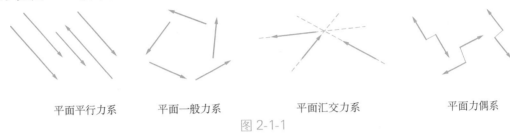

平面平行力系　　　　平面一般力系　　　　平面汇交力系　　　　平面力偶系

图 2-1-1

想一想

指出图 2-1-2 中各个物体分别受到哪种平面力系的作用?

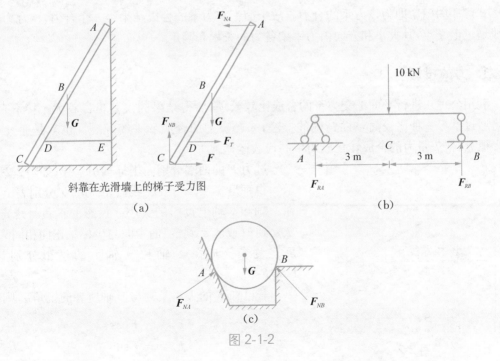

斜靠在光滑墙上的梯子受力图

(a)　　　　　　　　　　　　　　(b)

(c)

图 2-1-2

土木工程力学基础(少学时)

第二节　平面汇交力系的合成与平衡

假设刚体上作用有一个平面汇交力系,该力系中各力的作用线均汇交于 A 点,如图 2-2-1(a)所示。我们在该点连续应用公理 4,可将该平面汇交力系合成为一个力 F_R,如图 2-2-1(b)所示。

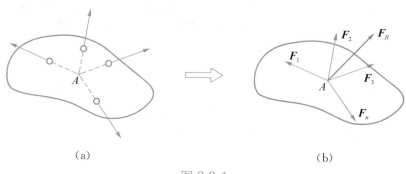

（a）　　　　　　　　　　　　　（b）

图 2-2-1

在图 2-2-1(b)中,先合成力 F_1 与 F_2(图中未画出力的平行四边形),可得力 F_{R1},即 $F_{R1} = F_1 + F_2$;再将 F_{R1} 与 F_3 合成为力 F_{R2},即 $F_{R2} = F_{R1} + F_3$;依此类推,最后可得:

$$F_R = F_1 + F_2 + \cdots + F_n = \sum F_i \tag{2-1}$$

式(2-1)中 F_R 即为该力系的合力。故平面汇交力系的合成结果是一个合力,该合力的作用线通过汇交点,其大小和方向由力系中各力的矢量和确定。

1.　力的投影

利用公理 4 进行平面汇交力系的合成比较繁琐,所得结果的误差也比较大。接下来,我们将通过学习一种比较简单而精确的方法,来解决力的合成和平衡问题。也就是通过力的投影概念,把矢量力的合成转化成简单的代数运算。

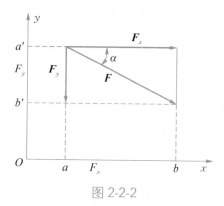

图 2-2-2

过力 F 的两端分别向坐标轴引垂线(如图 2-2-2 所示),得垂足 a, b, a', b'。线段 ab 和 $a'b'$ 分别表示力 F 在 x 轴和 y 轴上投影的大小。投影的正负号规定为:从 a 到 b(或从 a' 到 b')的指向与坐标轴正向相同为正,反之为负。F 在 x 轴和 y 轴上的投影分别计作 F_x, F_y。

若已知 F 的大小及其与 x 轴所夹的锐角 α,则有:

$$\left.\begin{array}{l} F_x = \pm F\cos\alpha \\ F_y = \pm F\sin\alpha \end{array}\right\} \tag{2-2}$$

α——为力 F 与 x 轴所夹锐角。

正负号判断:当力 F 与 x 轴(或 y 轴)正向的夹角为锐角时,它的 x 轴(或 y 轴)投影为正值;当力 F 与 x 轴(或 y 轴)负向的夹角为锐角时,它的 x 轴(或 y 轴)投影为负值,如图 2-2-3 所示。

力的方向	坐　标	投影的正负号	
		F_x	F_y
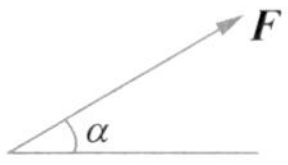 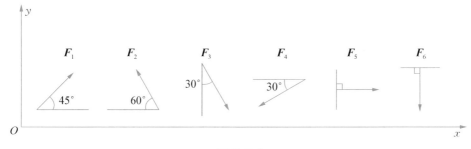	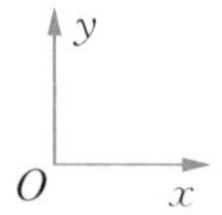	+	+
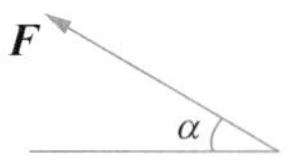	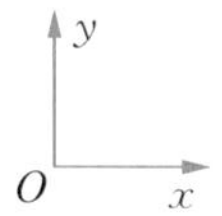	−	+
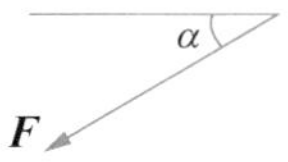	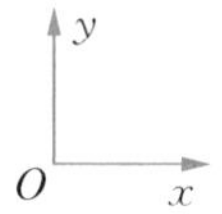	−	−
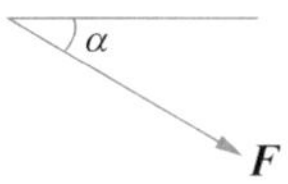	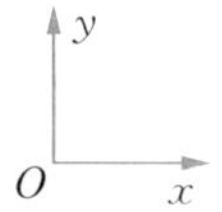	+	−

图 2-2-3

如将 F 沿坐标轴方向分解,所得分力 F_x,F_y 的值与在同轴上的投影 Fx,Fy 相等。但须注意:力在轴上的投影是代数量,而分力是矢量,不可混为一谈。

若已知 F_x,F_y 的值,可求出 F 的大小和方向,即:

$$\left. \begin{array}{l} F = \sqrt{F_x^2 + F_y^2} \\ \tan \alpha = \left| \dfrac{F_y}{F_x} \right| \end{array} \right\} \tag{2-3}$$

式中,α 为合力 F 与 x 轴所夹锐角,α 角在哪个象限由 F_x 和 F_y 的正负号来确定。

[**例 1**]　试求图 2-2-4 中各力在轴上的投影,投影的正负号按规定自行观察判定。已知:$F_1 = F_2 = F_3 = F_4 = F_5 = F_6 = 200 \text{ N}$。

图 2-2-4

解:

$$F_{X1} = F_1 \cos 45° = 200 \times 0.707 = 141.4 \text{ N}$$

$$F_{Y1} = F_1 \sin 45° = 200 \times 0.707 = 141.4 \text{ N}$$

$$F_{X2} = - F_2 \cos 60° = - 200 \times 0.5 = - 100 \text{ N}$$

$$F_{Y2} = F_2 \sin 60° = 200 \times 0.866 = 173.2 \text{ N}$$
$$F_{X3} = F_3 \sin 30° = 200 \times 0.5 = 100 \text{ N}$$
$$F_{Y3} = -F_3 \cos 30° = -200 \times 0.866 = -173.2 \text{ N}$$
$$F_{X4} = -F_4 \cos 30° = 200 \times 0.866 = -173.2 \text{ N}$$
$$F_{Y4} = -F_4 \sin 30° = -200 \times 0.5 = -100 \text{ N}$$
$$F_{X5} = F_5 \cos 0° = 200 \times 1 = 200 \text{ N}$$
$$F_{Y5} = F_5 \sin 0° = 200 \times 0 = 0$$
$$F_{X6} = -F_6 \cos 90° = -200 \times 0 = 0$$
$$F_{Y6} = -F_6 \sin 90° = -200 \times 1 = -200 \text{ N}$$

由上述例题可知：

（1）当力进行平移后，力在坐标轴上的投影不变；

（2）当力垂直于某轴时，力在该轴上的投影为零；

（3）当力平行于某轴时，力在该轴上投影的绝对值等于该力的大小。

练一练

请分别求出图 2-2-5 中各力在 x 轴和 y 轴上的投影。已知：$F_1 = 100 \text{ N}$，$F_2 = 150 \text{ N}$，$F_3 = F_4 = 200 \text{ N}$，各力的方向如图 2-2-5 所示。

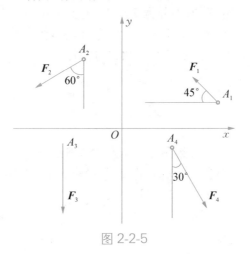

图 2-2-5

2. 平面汇交力系合成的解析法

假设刚体上作用有一个平面汇交力系 F_1，F_2，$\cdots$，F_n，根据式(2-1)有：

$$F_R = F_1 + F_2 + \cdots + F_n = \sum F$$

将上式两边分别向 x 轴和 y 轴投影，即有：

$$\left.\begin{aligned} F_{Rx} &= F_{1x} + F_{2x} + \cdots + F_{nx} = \sum F_x \\ F_{Ry} &= F_{1y} + F_{2y} + \cdots + F_{ny} = \sum F_y \end{aligned}\right\} \tag{2-4}$$

式(2-4)即为**合力投影定理**：力系的合力在某轴上的投影，等于力系中各力在同一轴上投影的代数和。

如果进一步按式(2-3)运算，可求得合力的大小及方向，即：

$$\left.\begin{aligned} F_R &= \sqrt{\left(\sum F_x\right)^2 + \left(\sum F_y\right)^2} \\ \tan\alpha &= \left|\frac{\sum F_y}{\sum F_x}\right| \end{aligned}\right\} \tag{2-5}$$

[例2] 一固定于房顶的吊钩上作用有三个力 F_1，F_2，F_3，其数值和方向如图 2-2-6 所示。试用解析法求出此三力的合力。

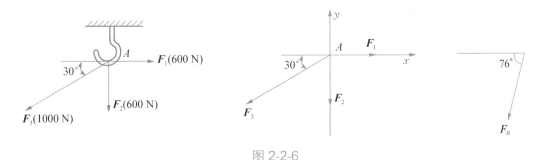

图 2-2-6

解：建立直角坐标系 Axy，并利用式(2-4)，求出

$$F_{Rx} = \sum F_x = F_{1x} + F_{2x} + F_{3x} = 600 + 0 - 1000 \times \cos 30° = -266 \text{ N}$$

$$F_{Ry} = \sum F_y = F_{1y} + F_{2y} + F_{3y} = 0 - 600 - 1000 \times \sin 30° = -1100 \text{ N}$$

再按照式(2-5)，可得

$$F_R = \sqrt{\left(\sum F_x\right)^2 + \left(\sum F_y\right)^2} = 1132 \text{ N}$$

$$\tan\alpha = \left|\frac{\sum F_y}{\sum F_x}\right| = 4.135$$

$$\alpha = 76°$$

土木工程力学基础（少学时）

3. 平面汇交力系的平衡方程

平衡条件的解析表达式称为**平衡方程**。平面汇交力系平衡的必要和充分条件是该力系的合力等于零。即：

$$F_R = \sqrt{\left(\sum F_x\right)^2 + \left(\sum F_y\right)^2} = 0 \tag{2-6}$$

由此可知，平面汇交力系的平衡条件是：

$$\left. \begin{array}{l} \sum F_x = 0 \\ \sum F_y = 0 \end{array} \right\} \tag{2-7}$$

即力系中各力在两个坐标轴上投影的代数和分别等于零，上两式称为平面汇交力系的平衡方程。

这是两个独立的方程，可求解两个未知量。

[**例3**] 图 2-2-7 所示为三铰支架，请分别求出两杆所受的力。

解：(1) 取 B 节点为研究对象，画受力图。由于杆 AB，BC 都为二力杆（两端各有一个铰，中间不受力），根据公理 3，A，C 两点的圆柱铰链约束反力 F_{NBC}，F_{NBA} 的作用线均应沿着 BC，AB 的连线，方向未定，如图 2-2-7 所示。

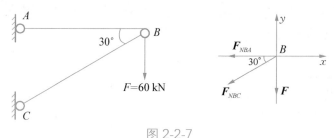

图 2-2-7

(2) 由 $\sum F_y = 0$，建立平衡方程：

$$-F_{NBC} \sin 30° - F = 0$$

解得

$$F_{NBC} = -2F = -120 \text{ kN}$$

负号表示假设的力的方向与真实的力的方向相反。

(3) 由 $\sum F_x = 0$，建立平衡方程：

$$-F_{NBC} \cos 30° - F_{NBA} = 0$$

解得

$$F_{NBA} = -F_{NBC} \times \frac{\sqrt{3}}{2} = -(-120) \times 0.866 = 104 \text{ kN}$$

正号表示假设力的方向与真实力的方向一致。

[**例4**] 图 2-2-8(a)所示为一套简易起重设施。利用绞车和绕过滑轮 B 的绳索吊起重物，其

土木工程力学基础（少学时）

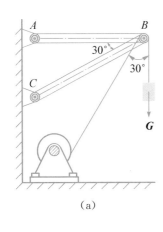

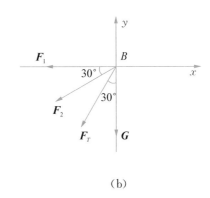

| (a) | (b) |

图 2-2-8

重力 $G = 40\ \text{kN}$。各杆件与滑轮的重力与滑轮 B 的大小可忽略不计,试求杆 AB 与 BC 所受的力。

解:(1) 取节点 B 为研究对象,画其受力图,如图 2-2-8(b)所示。由于杆 AB 与 BC 均为二力杆,对 B 的约束反力分别为 F_1,F_2,滑轮两边绳索的约束反力相等,即 $F_T = G = 40\ \text{kN}$;

(2) 选取坐标系 xBy;

(3) 列平衡方程式求解未知力:

由 $\sum Fx = 0$ $-F_2\cos 30° - F_1 - F_T\sin 30° = 0$ (1)

由 $\sum Fy = 0$ $-F_2\sin 30° - F_T\cos 30° - G = 0$ (2)

由式(2)得 $F_2 = -149.3\ \text{kN}$

代入式(1)得 $F_1 = 109.3\ \text{kN}$

由计算结果可知,F_1 的方向与图示一致,即杆 AB 受拉力;F_2 的方向与图示相反,即杆 BC 受压力。

练一练

平面刚架 $ABCD$ 在 C 点受水平力 F_P 作用,如图 2-2-9 所示。已知 $F_P = 40\ \text{kN}$,刚架自重不计。要求:画出刚架的受力图。(提示:刚架只受到三个力作用,可以利用三力平衡汇交原理来确定 A 点的支座反力作用线。)

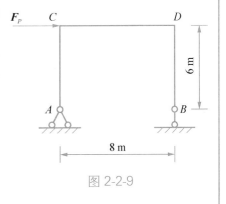

图 2-2-9

第三节 力矩

1. 力矩的概念

力可以使物体沿着某一方向发生移动,也可以使物体绕着某一点发生转动,力矩就是用来衡量力的转动效应大小的物理量。

由经验可得,力使物体转动的效果不仅与力的大小和方向有关,还与力的作用点(或作用线)的位置有关。

例如,用扳手拧螺母时(如图 2-3-1 所示),螺母的转动效应除与力 F 的大小和方向有关外,还与点 O(转动中心)到力作用线的垂直距离 d 有关。距离 d 越大,转动就越省力;反之则费力。显然,当力的作用线通过螺母的转动中心时,则无法使螺母转动。

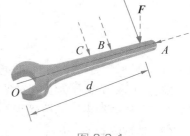

图 2-3-1

我们把转动中心 O 到力作用线的垂直距离 d 称为力臂;力和力臂的乘积就称为力矩。记作:

$$M_O(\boldsymbol{F}) = \pm Fd \qquad (2\text{-}8)$$

式(2-8)中正负号表示力矩的转动方向,一般以使物体产生逆时针转向为正,顺时针为负,如图 2-3-2 所示。力矩和力的投影一样可以进行代数运算。

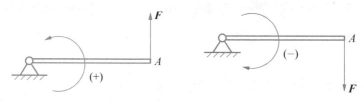

图 2-3-2

力矩的单位是牛·米(N·m)或千牛·米(kN·m)。

从几何上看,力 F 对点 O 的矩在数值上等于三角形 OAB 面积的两倍。

力对点的矩在两种情况下等于零:(1)力为零;(2)力臂为零,即力的作用线通过矩心。

[**例 5**] 请分别求出图 2-3-3 中荷载在其作用点对 A,B 两点的力矩。

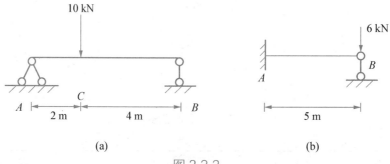

(a)   (b)

图 2-3-3

土木工程力学基础(少学时)

解:图(a),$M_A = -10 \times 2 = -20 \text{ kN} \cdot \text{m}$

$\qquad\qquad M_B = 10 \times 4 = 40 \text{ kN} \cdot \text{m}$

图(b),$M_A = -6 \times 5 = -30 \text{ kN} \cdot \text{m}$

$\qquad\qquad M_B = 0$

 想一想

　　你看过高尔夫球比赛(如图 2-3-4 所示)吗? 如何将球击得更远呢? 有关的研究告诉我们:击球的距离取决于力量、身体的柔韧性和协调性、挥杆技巧和身体力矩。所谓身体力矩是指在挥杆中有更长的杠杆力臂,也就是胳膊长的人相对胳膊短的人更能够激发出力量,这也就是要求在击球的瞬间要保持胳膊伸直的原因。你觉得这种说法有道理吗? 为什么?

图 2-3-4

2. 合力矩定理

　　合力矩定理:平面力系的合力(F_R)对该平面内任一点(O)之矩,等于所有各分力(F_1,

$\boldsymbol{F}_2$，$\cdots$，$\boldsymbol{F}_n$)对同一点的力矩的代数和。即

$$M_O(\boldsymbol{F}_R) = \sum M_O(\boldsymbol{F})$$
$$= M_O(\boldsymbol{F}_1) + M_O(\boldsymbol{F}_2) + \cdots + M_O(\boldsymbol{F}_n) \tag{2-9}$$

合力矩定理不仅适用于平面汇交力系，对于其他力系，如平面一般力系甚至空间力系也都同样成立。

在计算力矩时，当力臂较难确定的情况下，用合力矩定理计算更为方便。

[**例6**]　试求图 2-3-5 中力 $\boldsymbol{F}$ 对 A 点的力矩。

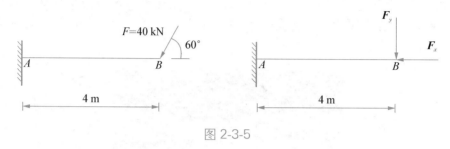

图 2-3-5

解:将力 $\boldsymbol{F}$ 沿 x 轴方向和 y 轴方向等效分解为两个分力，由合力矩定理得：

$$M_A(\boldsymbol{F}) = M_A(\boldsymbol{F}_x) + M_A(\boldsymbol{F}_y)$$

由于 $d(\boldsymbol{F}_x) = 0$，所以：

$$M_A = -F_y d_y = -40 \times \frac{\sqrt{3}}{2} \times 4$$
$$= -138.56 \ \mathrm{kN \cdot m}$$

练一练

你用过天平或杆秤(图 2-3-6)来称量物体的质量吗？天平的两臂是等长的，而杆秤的两臂是不等长的，这样设计的目的和二者的称量范围有什么关系吗？你能不能从中找到天平及杆秤的平衡条件？根据下列步骤，自己试着制作一把杆秤吧。

图 2-3-6

（1）准备一根竹筷，用砂纸打磨光滑；

（2）把易拉罐的底部剪成圆形制成秤盘，用细绳在圆盘四周绑好吊起；

（3）在打磨好的秤杆一端钻上一个洞，把圆盘挂上；

土木工程力学基础（少学时）

（4）用一颗 5 g 左右的螺母绑上绳子制成秤砣；

（5）把秤杆、圆盘、螺母挂好，找出整个杆秤的重心，在重心上钻上小洞，挂上绳子作为提纽；

（6）不放物体使杆秤平衡，找出零刻度线的位置并做好记号；

（7）放上 20 g 的物体，找出物体平衡时秤砣的位置，此处即为 20 g 物体的位置；

（8）在零刻度线到 20 g 位置之间平均画上 20 个刻度，每一刻度即为 1 g。

*第四节　力偶

1. 力偶的概念

回想一下，我们是怎样扭开矿泉水瓶瓶盖的？答案是：用大拇指和食指对瓶盖施加一对大小相等、方向相反、作用线平行的力，来旋转开瓶盖的。此外，在开卡丁车的时候，我们也是用两只手沿着相反的方向来操控方向盘的，如图 2-4-1 所示。

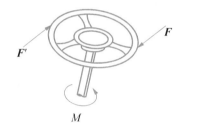
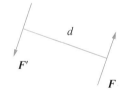

图 2-4-1

这种由一对大小相等、方向相反、作用线相互平行的两个力组成的力系称为**力偶**，此二力之间的距离（d）称为**力偶臂**。由以上生活实践可知，力偶对物体的作用效应是使物体产生转动。

力偶的转动效应由力偶矩表示，它等于力偶中任何一个力的大小与力偶臂 d 的乘积，加上适当的正负号，并记作 M。即

$$M = \pm Fd \tag{2-10}$$

式（2-10）中：F 是指力的大小；d 为力偶臂，是指力偶中两个力的作用线之间的距离。正负号规定：力偶使物体逆时针转动时取正值，顺时针转动则取负值。

力偶矩的单位与力矩单位一致，为 N·m 或 kN·m。

力偶对物体的转动效应取决于下列三个要素，简称为力偶三要素：

（1）力偶矩的大小；

（2）力偶的转向；

（3）力偶的作用面。

力偶具有以下三种性质，如图 2-4-2 所示：

性质1　力偶对其作用面内任意点的力矩都等于此力偶的力偶矩,而与矩心的位置无关。

性质2　由于力偶在任意坐标轴上的投影之和为零,故力偶没有合力,力偶不能与一个力等效而只能与力偶等效。

性质3　只要保持力偶矩不变,力偶可在其作用面内任意移转,或同时改变组成力偶的力的大小和力偶臂的长度,都不会改变原力偶对刚体的作用效应。或者说,力偶矩相等的力偶等效。

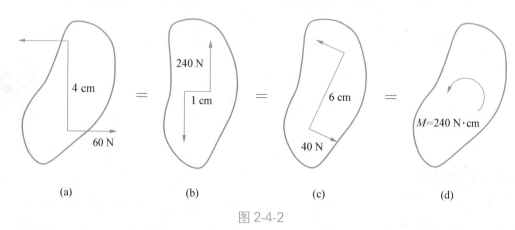

图 2-4-2

想一想

你见过大卡车的方向盘吗？它的直径与普通小轿车方向盘的直径一样吗？如果不一样,你能不能运用力偶的有关概念解释一下卡车与轿车方向盘尺寸的差别呢？

2. 平面力偶系的合成与平衡

（1）平面力偶系的合成。

作用在物体上同一平面内的若干力偶所组成的力系,被称为**平面力偶系**。

平面力偶系合成的结果为一合力偶,合力偶矩（M）为力偶系中各分力偶矩（M_1,M_2,…,M_n）的代数和。即

$$M = M_1 + M_2 + \cdots + M_n = \sum_{i=1}^{n} M_i \tag{2-11}$$

（2）平面力偶系的平衡。

已知平面力偶系可以合成为一个合力偶。当合力偶等于零时,表示力偶系中各力偶对物体的转动效应相互抵消,物体处于平衡状态。所以,平面力偶系平衡的充分必要条件是:力偶系中所有各力偶矩的代数和为零,即

$$\sum_{i=1}^{n} M_i = M_1 + M_2 + \cdots + M_n = 0 \tag{2-12}$$

式(2-12)中 $M_1, M_2, \cdots, M_n$ 为组成平面力偶系的各个力偶的力偶矩,正负号规定:以逆时针为正,顺时针为负。

[**例7**] 如图 2-4-3(a)所示简支梁受到一个力偶作用,力偶矩 $M = 24\ \text{kN} \cdot \text{m}$,梁跨度 $l = 6\ \text{m}$,求 A, B 两端的支座反力。

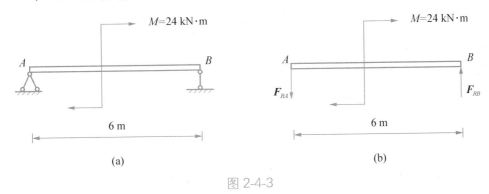

图 2-4-3

解:（1）取梁 AB 为分离体,由于梁处于平衡状态,除了一个力偶矩 M 之外,只有两个支座反力 F_{RA}, F_{RB} 作用。根据性质 2,支座反力 F_{RA} 和 F_{RB} 必定组成一个力偶,且两个力大小相等、方向相反、作用线相互平行,画受力图如图 2-4-3(b)所示。

（2）由平面力偶系的平衡方程 $\sum M = M_1 + M_2 = 0$,有:

$$-M + F_{RA}l = 0$$

即 $F_{RA} = M/l = 24/6 = 4\ \text{kN}(\downarrow)$,得正值说明 F_{RA} 的方向与假设方向一致。另有:

$$F_{RB} = F_{RA} = 4\ \text{kN}(\uparrow)$$

[**例8**] 三连杆机构在图 2-4-4 所示位置平衡,已知:$OA = 50\ \text{cm}$,$O_1B = 40\ \text{cm}$,作用在摇杆 OA 上的力偶矩 $M_1 = 2\ \text{N} \cdot \text{m}$,不计杆自重,求力偶矩 M_2 的大小。

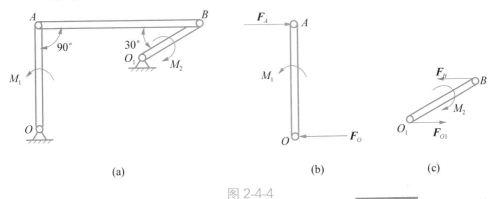

图 2-4-4

解:(1) 先取杆 OA 进行分析,如图 2-4-4(b)所示,在杆上作用有主动力偶矩 M_1,根据力偶的性质2,可知力偶只与力偶平衡,因此在杆的两端点 O,A 上必作用有大小相等、方向相反的一对力 $\boldsymbol{F}_O$ 及 $\boldsymbol{F}_A$。而连杆 AB 为二力杆,所以 $\boldsymbol{F}_A$ 的作用方向被确定。再取杆 O_1B 进行分析,如图 2-4-4(c)所示,此时杆上作用一个待求力偶 M_2,此力偶与作用在 O_1,B 两端点上的约束反力构成的力偶平衡。

(2) 列平衡方程:

由 $\sum M = 0$

$$M_1 - F_A \cdot OA = 0 \qquad\qquad (a)$$

$$F_A = 4\,\text{N}$$

(3) 根据受力图 2-4-4(c)列平衡方程:$\sum M = 0$

$$F_B \cdot O_1B \cdot \sin 30° - M_2 = 0 \qquad\qquad (b)$$

$\because F_B = F_A = 4\,\text{N}$

故由式(b)得:

$$M_2 = F_A \times O_1B \times 0.5 = 4 \times 0.4 \times 0.5 = 0.8\,\text{N} \cdot \text{m}$$

练一练

梁 AB 受力如图 2-4-5 所示,已知 $m = 10\,\text{kN} \cdot \text{m}$,$F_P = F_{P'} = 5\,\text{kN}$,梁自重不计,受力图已给出,请计算支座 A,B 的约束反力。

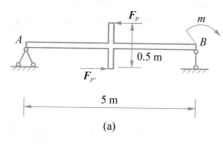

(a)

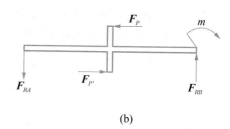

(b)

图 2-4-5

土木工程力学基础(少学时)

第五节　平面一般力系的合成与简化

平面一般力系是指组成力系的所有力的作用线既不互相平行又不汇交于一点的平面力系。前面我们研究的平面汇交力系和平面力偶系都可以看作是平面一般力系的两种特殊形式。

*1. 力的平移定理

作用在刚体上 A 点处的力 F，可以平移到刚体内任意点 O，但必须同时附加一个力偶，其力偶矩等于原来的力 F 对新作用点 O 的力矩。这就是力的平移定理，如图 2-5-1 所示。

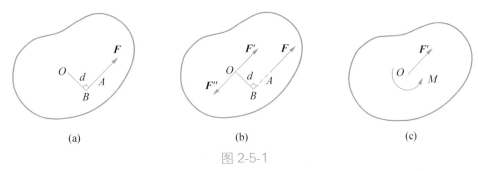

$$(a) \qquad\qquad (b) \qquad\qquad (c)$$

图 2-5-1

证明：根据公理 2，在任意点 O 加上一对与 F 等值、平行的平衡力 F'，F''（图 2-5-1(b)），其中 F 与 F'' 为一对等值、反向、不共线的平行力，他们组成了一个力偶，其力偶矩等于原力 F 对 O 点的矩，即

$$M = M_O(F) = Fd$$

于是作用在 A 点的力 F 就与作用于 O 点的平移力 F' 和附加力偶 M 的作用等效，如图2-5-1(c)所示。

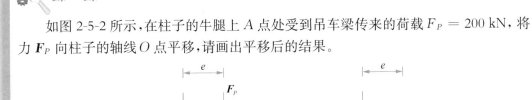

练一练

如图 2-5-2 所示，在柱子的牛腿上 A 点处受到吊车梁传来的荷载 $F_P = 200\ \text{kN}$，将力 F_P 向柱子的轴线 O 点平移，请画出平移后的结果。

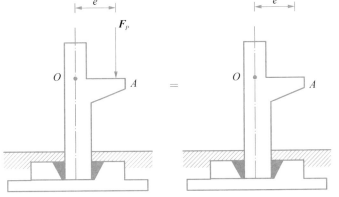

图 2-5-2

土木工程力学基础（少学时）

* 2. 平面一般力系的简化

假设刚体上作用有一个平面一般力系 F_1，F_2，$\cdots$，F_n，如图 2-5-3(a)所示，在平面内任意取一点O，称为简化中心。根据力的平移定理，将各力都向O点平移，得到一个汇交于O点的平面汇交力系 $F_1{}'$，$F_2{}'$，$\cdots$，$F_n{}'$，以及附加的平面力偶系 M_1，M_2，$\cdots$，M_n，如图 2-5-3(b)所示。

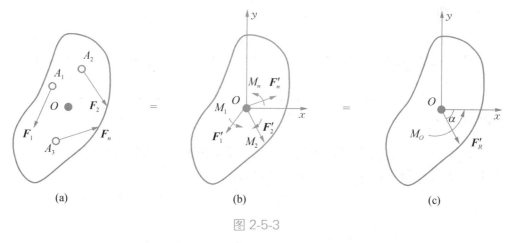

图 2-5-3

（1）平面汇交力系 $F_1{}'$，$F_2{}'$，$\cdots$，$F_n{}'$，可以合成为一个作用于O点的合矢量 F_R'，如图2-5-3(c)所示。

$$F_R' = \sum F' = \sum F \tag{2-13}$$

它等于力系中各力的矢量和。显然，单独的 F_R' 不能和原力系等效，它被称为原力系的主矢。将上式写成直角坐标系下的投影形式：

土木工程力学基础（少学时）

$$F'_{Rx} = F_{1x} + F_{2x} + \cdots + F_{nx} = \sum F_x \left.\vphantom{\sum}\right\}$$
$$F'_{Ry} = F_{1y} + F_{2y} + \cdots + F_{ny} = \sum F_y \left.\vphantom{\sum}\right\}$$
(2-14)

因此，主矢 $\boldsymbol{F}'_R$ 的大小及其与 x 轴正向的夹角分别为

$$F'_R = \sqrt{F_{Rx}^2 + F_{Ry}^2} = \sqrt{\left(\sum F_x\right)^2 + \left(\sum F_y\right)^2}$$

$$\theta = \arctan\left|\frac{F_{Ry}}{F_{Rx}}\right| = \arctan\left|\frac{\sum F_y}{\sum F_x}\right|$$
(2-15)

（2）附加平面力偶系 M_1，M_2，$\cdots$，M_n 可以合成为一个合力偶矩 M_O，即

$$M_O = M_1 + M_2 + \cdots + M_n = \sum M_O(\boldsymbol{F})$$
(2-16)

显然，单独的 M_O 也不能与原力系等效，因此它被称为原力系对简化中心 O 的主矩。

综上所述，得到以下结论：平面一般力系向平面内任一点简化可以得到一个力和一个力偶，这个力等于力系中各力的矢量和，作用于简化中心，称为原力系的主矢；这个力偶的矩等于原力系中各力对简化中心之矩的代数和，称为原力系的主矩。

主矢 $\boldsymbol{F}'_R$ 的大小和方向与简化中心的选择无关；主矩 M_O 的大小和转向与简化中心的选择有关。

平面一般力系的简化方法，在建筑工程实际中可用来解决许多力学问题，如：固定端约束。固定端约束是指使被约束体插入约束内部，被约束体一端与约束成为一体而完全固定，既不能移动也不能转动的一种约束形式。

工程中的固定端约束是很常见的，例如：地基对灯柱和柱子的约束，如图 2-5-4(a)、(b)所示；飞机机身对机翼的约束，如图 2-5-4(c)所示；房屋建筑中墙壁对阳台板的约束，如图 2-5-4(d)、(e)所示。

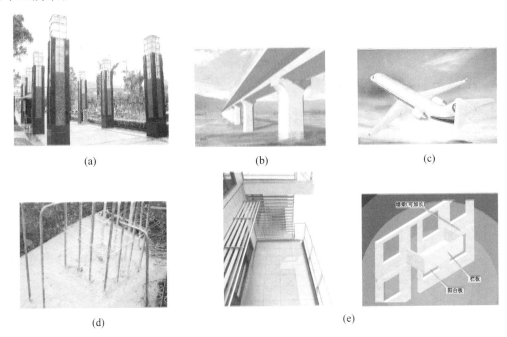

图 2-5-4

土木工程力学基础（少学时）

固定端约束的约束反力是由约束与被约束体紧密接触而产生的一个分布力系。由于其中各个力的大小与方向均难以确定,因而可将该力系向 A 点简化,得到的主矢用一对正交分力表示,而将主矩用一个反力偶矩来表示,这就是固定端约束的约束反力,如图 2-5-5 所示。

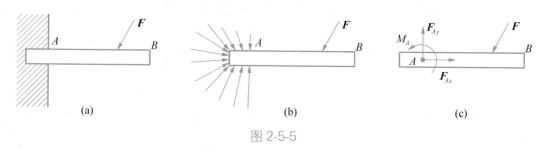

(a)   (b)   (c)

图 2-5-5

 练一练

你对图 2-5-4 中哪一种固定端约束感兴趣?请试着画出该构件的计算简图并画出其受力图。

3. 平面一般力系的平衡

由平面一般力系向一点的简化结果看,平面一般力系平衡的必要和充分条件是:力系中所有各力在 x,y 坐标轴上的投影的代数和等于零,同时力系中所有各力对于任意一点 O 的力矩的代数和为零。平面一般力系平衡方程有以下三种形式:基本形式、二力矩形式和三力矩形式。

(1)平面一般力系平衡方程的基本形式:

$$\left.\begin{array}{r} \sum X = 0 \\ \sum Y = 0 \\ \sum M_O = 0 \end{array}\right\} \tag{2-17}$$

$\sum X = 0$ 表示力系中所有的力在 x 轴上投影的代数和为零;$\sum Y = 0$ 表示力系中所有

的力在 y 轴上投影的代数和为零；$\sum M_O = 0$ 表示力系中所有的力对该平面内任意一点的力矩的代数和为零。

（2）二力矩形式：

$$
\left.\begin{array}{l}
\sum X = 0 \text{（或} \sum Y = 0\text{）} \\
\sum M_A = 0 \\
\sum M_B = 0
\end{array}\right\} \tag{2-18}
$$

使用条件：A，B 两点上的连线不能与 x 轴（或 y 轴）相垂直。

$\sum M_A = 0$ 表示力系中所有的力对该平面内 A 点的力矩的代数和为零；$\sum M_B = 0$ 表示力系中所有的力对该平面内 B 点的力矩的代数和为零。

（3）三力矩形式：

$$
\left.\begin{array}{l}
\sum M_A = 0 \\
\sum M_B = 0 \\
\sum M_C = 0
\end{array}\right\} \tag{2-19}
$$

使用条件：A，B，C 三点不在同一直线上。

$\sum M_C = 0$ 表示力系中所有的力对该平面内 C 点的力矩的代数和为零。

以上三种形式的平衡方程计算时依照哪组方程计算简便而选用，一般可遵循的原则是：使每个列出的方程都只包含一个未知量，避免求解联立方程。无论哪种形式，都只有三个独立方程，所以只能求解三个未知量。

　[**例 9**]　三铰支架如图 2-5-6 所示，A，B，C 三点都为圆柱铰链约束，已知力 F_P 及长度 $2l$，求 A，C 处的约束反力。

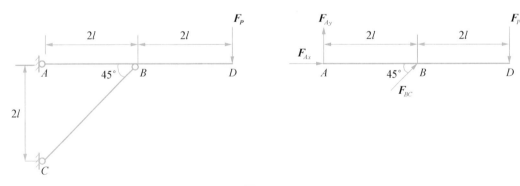

图 2-5-6

　解：（1）取杆 ABD 为研究对象，由于 BC 杆为二力杆，故 B 点约束反力应沿着 BC 连线，A 为圆柱铰链，其约束反力用 $\boldsymbol{F}_{Ax}$，$\boldsymbol{F}_{Ay}$ 表示。

　（2）由于 A，B，C 三点不在同一直线上，考虑采用三力矩形式平衡方程求解。

　由 $\sum M_A = 0$ 　　　　　　$F_{BC} \cdot 2l\sin 45° - F_P \cdot 4l = 0$

土木工程力学基础（少学时）

得 $\qquad F_{BC} = 2\sqrt{2}F_P(\nearrow)$

由 $\sum M_B = 0 \qquad -F_{Ay} \cdot 2l - F_P \cdot 2l = 0$

得 $\qquad F_{Ay} = -F_P(\downarrow)$

由 $\sum M_C = 0 \qquad -F_{Ax} \cdot 2l - F_P \cdot 4l = 0$

得 $\qquad F_{Ax} = -2F_P(\leftarrow)$

（3）用投影方程进行检验：

由 $\sum X = 0 \quad F_{Ax} + F_{BC} \cdot \cos 45° = -2F_P + 2\sqrt{2}F_P \times \sqrt{2}/2 = 0$

由 $\sum Y = 0 \quad F_{BC} \cdot \sin 45° + F_{Ay} - F_P = 2\sqrt{2}F_P \times \sqrt{2}/2 - F_P - F_P = 0$

检验无误，说明结果计算正确。

[**例10**] 如图 2-5-7 所示，已知：$F_P = 20 \text{ kN}$，$M = 16 \text{ kN} \cdot \text{m}$，$q = 20 \text{ kN/m}$，$a = 0.8 \text{ m}$，求 A，B 处的支座反力。

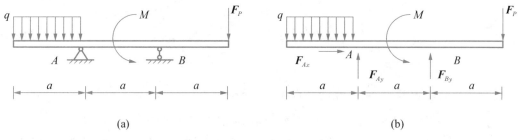

(a)   (b)

图 2-5-7

解： 以梁 AB 作为研究对象：

由 $\sum X = 0$，$F_{Ax} = 0$，

$\sum M_A(\overline{F}) = 0$，得

$$F_{By} \cdot a + q \cdot a \cdot \frac{a}{2} + M - F_P \cdot 2a = 0$$

由 $\sum Y = 0 \qquad F_{Ay} + F_{By} - qa - F_P = 0$

解得：

$$F_{By} = -\frac{qa}{2} - \frac{M}{a} + 2F_P = -\frac{20 \times 0.8}{2} - \frac{16}{0.8} + 2 \times 20 = 12 \text{ kN}(\uparrow)$$

$$F_{Ay} = F_P + qa - F_{By} = 20 + 20 \times 0.8 - 12 = 24 \text{ kN}(\uparrow)$$

 练一练

梁 AB 的两端支承在墙内受力如图 2-5-8 所示。不计梁的自重，求墙壁对梁 A，B 两端的约束反力。（分离体受力图见图 2-5-8(c)）

土木工程力学基础（少学时）

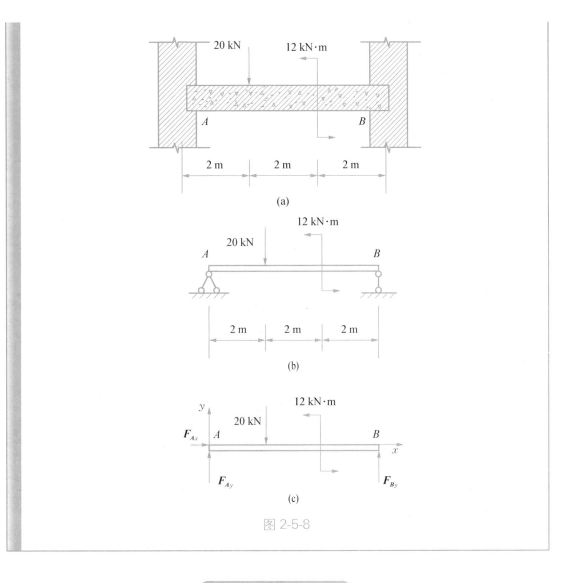

图 2-5-8

一、力矩和合力矩定理

1. 力矩:力对具有转动中心的物体所产生的转动效应称为力对点之矩,记作

$$M_O(F) = \pm Fd$$

2. 合力矩定理:力系的合力对平面上任一点之矩,等于所有各分力对同一点力矩的代数和,记作

$$M_O(F_R) = \sum M_O(F)$$

二、力偶与力偶矩

力偶为一对等值、反向且不共线的平行力,它对物体的作用是产生单纯的转动效应。力偶有三个要素,即力偶矩的大小、力偶的转向与力偶的作用面。力偶矩可以记作

$$M(\boldsymbol{F}, \boldsymbol{F}') = M = \pm Fd$$

三、平面一般力系的简化与平衡方程

1. 力的平移定理:作用于刚体上的力 $\boldsymbol{F}$ 可以平移到刚体内任一点 O,但必须附加一力偶,此附加力偶的力偶矩等于原力 $\boldsymbol{F}$ 对点 O 之矩。

2. 平面一般力系的简化结果:

主矢 $$\boldsymbol{F}'_R = \sum \boldsymbol{F}' = \sum \boldsymbol{F}$$

主矩 $$M_O = \sum M_O(\boldsymbol{F})$$

3. 平面力系的平衡方程:

力系名称	平衡方程	其他形式的平衡方程	独立方程数目
平面一般力系	$\sum F_x = 0$ $\sum F_y = 0$ $\sum M_O(F) = 0$	$\sum F_x = 0$ $\sum M_A(F) = 0$ $\sum M_B(F) = 0$ 或 $\sum M_A(F) = 0$ $\sum M_B(F) = 0$ $\sum M_C(F) = 0$ (AB 连线不垂直 x 轴) (A, B, C 不共线)	3
平面汇交力系	$\sum F_x = 0$ $\sum F_y = 0$		2
平面平行力系	$\sum F_y = 0$ $\sum M_O(F) = 0$	$\sum M_A(F) = 0$ $\sum M_B(F) = 0$ (AB 连线不平行于各力作用线)	2
平面力偶系	$\sum M = 0$		1

四、求解物体系统平衡问题的步骤

1. 适当选取研究对象,画出各研究对象的受力图。

2. 分析各受力图,确定求解顺序,并根据选定的顺序逐个选取研究对象求解。

第三章
直杆轴向拉伸和压缩

意大利科学家伽利略于 1638 年发表的《关于力学和局部运动的两门新科学的对话和数学证明》一书标志着材料力学开始逐渐形成了一门独立的学科。在该书中，这位科学巨匠尝试用科学的解析方法确定构件的尺寸，讨论的第一个问题就是直杆的轴向拉伸问题，并得到承载能力与横截面积成正比而与长度无关的正确结论。而在工程实际中经常出现承受轴向拉伸或压缩的直杆，例如：起重机的吊索、高架桥的桥墩、网架结构中的受压杆和受拉杆等。

本章中，我们将通过学习杆件的四种基本变形方式及组合变形，熟悉直杆轴向拉、压横截面上的内力和正应力的概念和计算，以及直杆轴向拉、压的强度计算、变形和在工程中的应用。

中国 2010 年上海世博会场馆介绍

举世瞩目的中国 2010 年上海世博会将于 2010 年 5 月 1 日到 10 月 31 日举办,上海世博园区规划用地 5.28 km²,相当于上海 1% 的城市化面积,选址面积冠盖历届世博会。

图 3-0-1

总建筑面积达 16.01 万 m² 的中国馆(如图 3-0-1 所示),由中国国家馆和地区馆等组成。国家馆由 4 个钢筋混凝土核心筒立柱和钢结构屋顶组成,钢结构从柱高 33.3 m 居中升起,层叠出挑,呈斗拱形,成为凝聚中国元素、象征中国精神的雕塑感造型主体——东方之冠;地区馆水平展开,以舒展的平台基座的形态映衬国家馆,成为开放、柔性、亲民、层次丰富的城市广场。

中国国家馆的外形从中国古代建筑的斗拱中获得了艺术灵感和精神依托。斗拱是层层叠加的,秩序井然,看似零碎的部件,却有难以估量的承载力,可以托起屋顶传递给柱子的千钧重量。它象征了中国数千年来的超常的民族凝聚力和忍辱负重以及同舟共济的精神。

现在这个巨大的红色斗拱已经升起在东海之滨,它的标志性、力学美感和文化内涵必将大大提升中国人民的自信心和自豪感。

第一节　杆件的四种基本变形

土木工程结构是由若干个构件组成的,这些构件都要承担各种荷载的作用。为确保构件的正常工作,必须满足以下三个要求:

(1) 足够的强度。

强度是指物体抵抗外力破坏的能力。强度是构件保证安全工作的前提条件。

(2) 足够的刚度。

刚度是指构件在外力作用下抵抗弹性变形的能力,即要求构件在外力作用下产生的变形在允许的限度之内。

(3) 足够的稳定性。

稳定性是指构件维持原有形态、保持平衡的能力。某些细长杆件(或薄壁构件)在轴向压力达到一定的数值时,会失去原来的平衡状态而丧失工作能力,这种现象称为**失稳**。

1. 四种基本变形

实际工程结构中,许多构件如:桥梁、房屋的梁、柱等,其长度方向的尺寸远远大于横截面尺寸,这一类的构件通常称作**杆件**。在本书中主要研究轴线为直线、所有横截面的形状和大小都相同的等截面直杆。

杆件在不同的外力作用下,将产生不同形式的变形。四种基本的变形有:

(1) 轴向拉伸(压缩)变形。

当外力的作用线与杆件的轴线重合,杆件将沿着轴线方向产生伸长或缩短,这种变形被称为轴向拉伸(压缩)变形,如图 3-3-1(a)所示。

(2) 剪切变形。

当一对大小相等、方向相反、作用线非常接近的两个力沿着垂直于轴线的方向施加于杆件时,相邻横截面将产生相互位移,这种变形称为剪切变形,如图 3-3-1(b)所示。

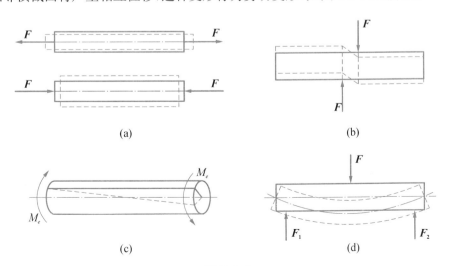

(a)　　　　　　　　　　　　(b)

(c)　　　　　　　　　　　　(d)

图 3-3-1

土木工程力学基础(少学时)

（3）扭转变形。

当在杆件的两端截面内施加大小相等、方向相反的力偶时,杆件将产生扭转变形如图3-3-1(c)所示。

（4）弯曲变形。

当外力施加于杆件的某个纵向平面内并垂直于杆件的轴线,或者在某个纵向平面内施加力偶时,杆件将发生弯曲变形,其轴线将由直线变成一条曲线,如图3-3-1(d)所示。实际工程中,梁和板是以弯曲变形为主的构件。

当杆件同时发生两种或两种以上基本变形时称为**组合变形**。组合变形可以看作是基本变形的叠加,如:带牛腿的柱子除了受到轴向力 F_1 的作用,同时还受到偏心力 F_2 的作用,它产生的变形可以看作是轴向压缩和弯曲的组合变形,如图3-3-2所示。

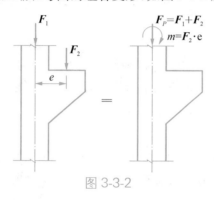

图 3-3-2

想一想

请根据外力的作用情况,指出图3-3-3中所示物体分别属于哪种基本变形情况?

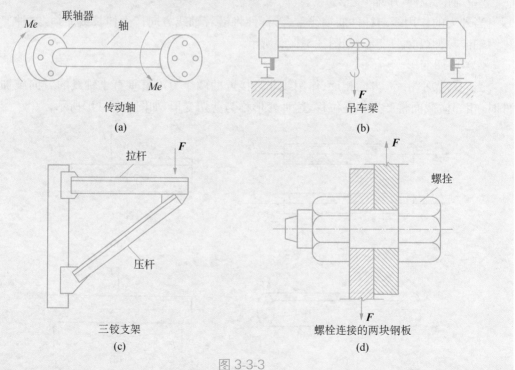

图 3-3-3

土木工程力学基础(少学时)

2. 变形固体的基本假设

在荷载作用下产生变形的各种固体材料被称为**变形固体**。为便于分析和简化计算,对变形固体作以下基本假设。

(1) 连续性假设:即认为物体整个体积内毫无间隙地充满着物质。

(2) 均匀性假设:即认为物体各个部分的力学性能完全相同。

(3) 各向同性假设:即认为物体在各个方向上的力学性能完全相同。

(4) 小变形假设:即认为构件受力后的变形大小与构件原始尺寸相比是极其微小的,在考虑物体的平衡时这种变形可以忽略不计。

实验的结果表明:在工程中使用的材料总体是符合连续、均匀、各向同性和小变形基本假设的,因此,建筑或建筑构件的受力可采用力学理论来计算。

第二节 直杆轴向拉、压横截面上的内力

1. 内力的概念

构件所承受的荷载及约束反力统称为**外力**。构件在外力作用下将产生变形,其各部分之间的相对位置将发生变化,从而产生构件内部各部分之间的相互作用力。这种由外力引起的构件内部的相互作用力,称为**内力**,例如:当我们张拉钢筋时,会感到钢筋有一种反张拉的力。内力分析是解决构件承载能力问题的基础。

2. 内力的研究方法——截面法

为了研究构件内力的方向及大小,通常采用截面法。它可以归纳为以下三个步骤。

(1) 分离:在需要求内力的截面处,假想用一垂直于轴线的截面把构件分成两个部分,保留其中任一部分作为研究对象,我们将其称之为分离体;

(2) 显示内力:将(舍弃的)另一部分对该分离体的内力(作为外力)显示出来;

(3) 列方程求内力:对分离体建立平衡方程,由已知外力求出截面上内力的大小和方向。

必须注意:截面上的内力是分布在整个截面上的,利用截面法求出的内力是这些分布内力的合力。

3. 横截面上的内力计算

当杆件在轴向外力的作用下产生伸长变形的称为轴向拉伸变形,如:空间网架或桁架中的下弦杆(如图 3-4-1(a)、(b)所示)、悬挂式楼梯的吊杆(如图 3-4-1(c)所示)等;若杆件在轴向外力作用下产生缩短变形的称为轴向压缩变形,如:空间网架或桁架中的上弦杆(如图 3-4-1(a)、(b)所示)、建筑物中的柱子(如图 3-4-1(d)所示)等。

(a) 河北涿州体育馆空间网架

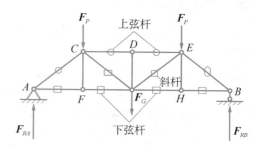

(b) 平面桁架

(c) 悬吊式楼梯

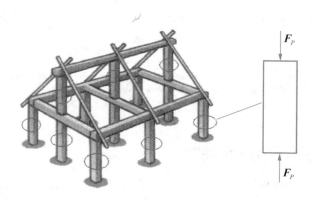

(d) 木结构建筑

图 3-4-1

用截面法分析轴向拉、压杆件的内力,步骤如下。

(1) 分离:求某一截面 m－m 处的内力时,就沿该截面假想地把杆件切开使其分离成为两部分(如图 3-4-2(a)所示),并取其中一部分作为研究对象。(如图 3-4-2(b)所示取左段为分离体,或如图 3-4-2(c)所示取右段为分离体)

(2) 显示轴力:杆件原来在外力的作用下处于平衡状态,则选取部分仍应保持平衡。因此,左段除外力作用外,在截面 m－m 处必定有右段对左段的作用力。根据均匀连续性假设,构件内部相邻部分之间相互作用的力,实际上应是一个连续分布的力系,将此力系合成,即为横截面上分布内力的合力,此合力称为物体的内力。

对于受轴向拉伸或压缩的直件,其内力与轴线重合,所以把轴向拉、压杆件横截面上的内力称为**轴力**,用 F_N 表示,如图 3-4-2(b)、(c)所示。轴力的正负号规定为:**拉为正、压为负**。即当轴力的方向与横截面的外法线方向一致时(即离开截面),轴力为正;反之,当轴力的方向与横截面的外法线方向相反时,轴力为负。为了方便判断,一般可假设轴力 F_N 为拉力(即离开截面)。图 3-4-2(b)、(c)所示的轴力 F_N 和 F_N' 互为作用力与反作用力,大小相等,方向相反。

(3) 列方程求内力:取左段为分离体,由平衡方程 $\sum X = 0$ 得:

$$F_N - F = 0$$
$$F_N = F$$

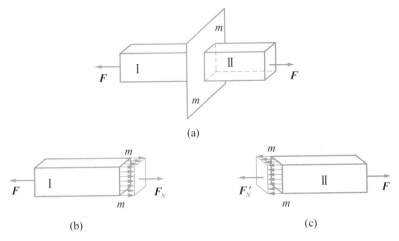

(a)

(b)   (c)

图 3-4-2

4. 轴力图

表示轴力沿着杆件长度方向各横截面变化的图形称为轴力图。以平行于杆件轴线的 x 轴横坐标表示杆件横截面的位置,以垂直于 x 轴的轴力 F_N 表示轴力的大小,将各横截面的轴力按一定比例画在坐标图上,并用直线相连,就可以得到轴力图。轴力图形象地表示出轴力沿着杆长的变化情况,并能很方便找到最大轴力的位置和数值。

[例1] 一等直杆及受力情况如图 3-4-3(a)所示,试作该杆件的轴力图。应如何调整外力,使杆上轴力分布得比较合理?

解:(1)计算各段杆件的轴力。

AB 段:用 1－1 截面将杆件截开,取左段为研究对象(如图 3-4-3(b)所示),假设轴力为 F_{N1},并为拉力,列平衡方程:

$$\sum X = 0 \quad F_{N1} - 5 = 0 \quad F_{N1} = 5 \text{ kN(拉)}$$

BC 段:用 2－2 截面将杆件截开,取左段为研究对象(如图 3-4-3(c)所示),假设轴力为 F_{N2},并为拉力,列平衡方程:

$$\sum X = 0 \quad F_{N_2} - 5 - 10 = 0 \quad F_{N_2} = 15 \text{ kN(拉)}$$

CD 段:用 3－3 截面将杆件截开,取右段为研究对象(如图 3-4-3(d)所示),假设轴力为 F_{N_3},并为拉力,列平衡方程:

$$\sum X = 0 \quad -F_{N_3} + 30 = 0 \quad F_{N_3} = 30 \text{ kN(拉)}$$

(2)画轴力图。

以平行于 x 轴为横坐标,垂直于杆件的 F_N 轴为纵坐标,按一定比例绘制轴力图如图 3-4-3(e)所示。

(3)轴力的合理分布:该题若将 C 截面的外力和 D 截面的外力对调,轴力图如图 3-4-3(f)所示,杆上最大轴力减小了,轴力分布就比较合理。

土木工程力学基础(少学时)

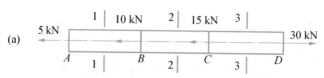

(a)

(b)

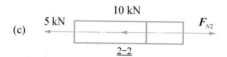

(c)

(d)

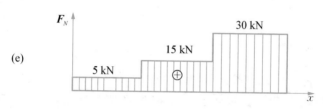

(e)

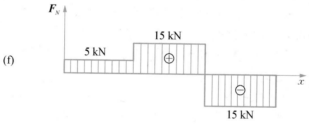

(f)

图 3-4-3

练一练

杆件受力如图 3-4-4 所示,已知 $F_1 = 20\,\text{kN}$,$F_2 = 30\,\text{kN}$,$F_3 = 10\,\text{kN}$,请画出该杆件的轴力图。

图 3-4-4

土木工程力学基础(少学时)

1. 应力的概念

由于杆件材料是连续的,所以内力连续分布在整个横截面上。由截面法求得的是整个截面上分布内力的合力,但仅仅知道内力的大小,还不足以判断杆件的强度。例如:两根材料相同、横截面积不同的杆件,受同样大小的轴向拉力作用,两根杆件横截面上的内力虽然相同,但截面面积小的杆件必然先断,因为内力在较小截面上分布的密集程度(简称集度)大。

内力在一点处的集度称为**应力**。应力的单位是帕斯卡,简称为帕(Pa)。注:$1\ \text{kPa} = 10^3\ \text{Pa}$,$1\ \text{MPa} = 10^6\ \text{Pa}$,$1\ \text{GPa} = 10^9\ \text{Pa}$,$1\ \text{MPa} = 10^6\ \text{N/m}^2 = 1\ \text{N/mm}^2$。

应力与截面既不垂直也不相切,通常将应力 ΔF_P 分解为垂直于截面和相切于截面的两个分量,垂直于截面的应力分量称为正应力,用 $\boldsymbol{\sigma}$ 表示;相切于截面的应力分量称为剪应力,用 $\boldsymbol{\tau}$ 表示。如图 3-5-1 所示。

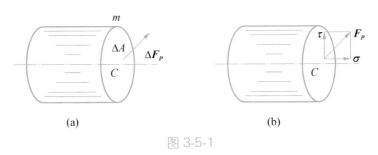

(a)   (b)

图 3-5-1

2. 轴向拉、压杆横截面上的正应力公式

取一橡胶制成的等直杆件,在其表面均匀地画上若干与轴线平行的纵线、与轴线垂直的横线,使杆件表面形成若干个正方形小格子,然后对其两端施加一对轴向拉力 F_P,可以观察到:所有的小方格都变成了长方格;所有纵线都伸长了,但仍相互平行;所有横线仍保持为直线,且仍垂直于杆轴,只是相对距离增大了。如图 3-5-2 所示。

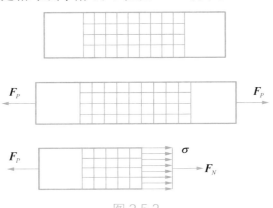

图 3-5-2

根据以上实验,可作如下假设。

(1) 平面假设:各横线代表各个横截面,横线在变形后仍保持为直线,则表示杆件横截面在变形后仍然保持为平面,仅沿轴线产生了相对平移,但仍与杆的轴线垂直。

(2) 假设杆件是由无数根纵向纤维组成,根据假设(1)可知,任意两横截面间所有纵向纤维都伸长了相同的长度。

根据材料的均匀连续假设,当变形相同时,受力也相同,因此可以知道:各横截面上的内力是均匀分布的,其方向垂直于横截面。

由此,可以得到以下结论:

轴向拉、压时,杆件横截面上各点处产生的正应力,大小相等、方向与轴力方向相同。得到轴向拉、压杆横截面正应力计算公式如下:

$$\sigma = \frac{F_N}{A} \tag{3-1}$$

σ——正应力,符号由轴力决定,拉应力为正、压应力为负,常用单位为 MPa;

F_N——横截面上的轴力,以拉力为正、压力为负,常用单位为 N;

A——横截面的面积,常用单位为 mm^2。

练一练

请准备一个等长的橡胶棒(或颗粒较细的泡沫塑料棒),实验前先在棒的表面画上间距相等的纵线和横线,纵线与棒的轴线相平行,横线与纵线相垂直,使其表面形成若干个正方形小格子,然后在棒的两端施加轴向的压力,看看会产生什么样的变化? 纵线和横线是否仍保持为直线? 它们的间距有什么样的变化? 如果用力过大的话,又会有什么样的情况发生? 思考一下,轴向拉、压的正应力计算公式在什么情况下才是成立的?

[**例2**] 一钢制阶梯杆件如图 3-5-3(a)所示。各段杆的横截面面积为:$A_1 = 1600\ mm^2$,$A_2 = 625\ mm^2$,$A_3 = 900\ mm^2$,试画出该杆件轴力图,并求出此杆件的最大应力。

解:(1) 求杆件各段轴力。用 1-1、2-2 和 3-3 截面分别将杆件在 AB、BC 和 CD 段内截开,取左段(或右段)为研究对象,画出受力图(如图(b)、(c)、(d)所示),写出平衡方程并解出轴力。

AB 段 $\quad \sum X = 0 \quad F_{N_1} - F_1 = 0 \quad F_{N_1} = F_1 = 100\ kN(拉)$

BC 段 $\quad \sum X = 0 \quad F_{N_2} + F_2 - F_1 = 0 \quad F_{N_2} = F_1 - F_2 = 100 - 200 = -100\ kN(压)$

CD 段 $\quad \sum X = 0 \quad F_4 - F_{N_3} = 0 \quad F_{N_3} = F_4 = 120\ kN(拉)$

(2) 作轴力图。由各横截面上的轴力值,作出轴力图如图 3-5-3(e)所示。

(3) 求最大应力。根据式(3-1)得

AB 段 $\qquad \sigma_{AB} = \frac{F_{N_1}}{A} = \frac{10 \times 10^4\ N}{1600\ mm^2} = 62.5\ MPa\ (拉应力)$

BC 段 $\qquad \sigma_{BC} = \frac{F_{N_2}}{A} = -\frac{100 \times 10^3\ N}{625\ mm^2} = -160\ MPa\ (压应力)$

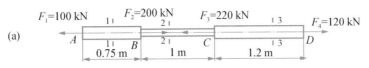

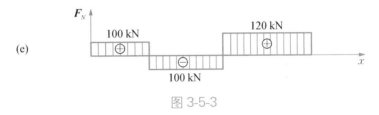

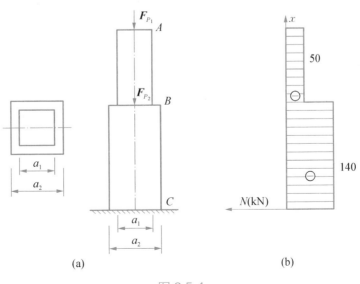

图 3-5-3

CD 段 $\qquad \sigma_{CD} = \dfrac{F_{N_3}}{A} = \dfrac{120 \times 10^3 \text{ N}}{900 \text{ mm}^2} = 133 \text{ MPa（拉应力）}$

由计算可知,杆的最大应力在 BC 段内,其值为 160 MPa。

🔧 练一练

图 3-5-4 所示为一方形截面砖柱,上段柱边长 $a_1 = 240$ mm,下段柱边长 $a_2 = 370$ mm,荷载 $F_{P_1} = 50$ kN,$F_{P_2} = 90$ kN,不计砖柱自重。轴力图已给出,请求出上、下两段柱子中横截面上的正应力。

图 3-5-4

土木工程力学基础（少学时）

*第四节　直杆轴向拉、压的变形

1. 弹性变形和塑性变形

变形固体在外力作用下会产生两种不同性质的变形：一种是当外力消除时，变形也会随着消失，这种变形被称为**弹性变形**，如：弹簧被撤掉拉力后会恢复原长，撑竿跳高的运动员过杆后被扔掉的杆子能恢复直线形状等；另一种是当外力超过一定限度，即使外力撤除后，变形仍不能全部消失而留有残余的变形，这种残余变形被称为**塑性变形**，如：被手捏过的橡皮泥、冷拉或冷拔钢筋等。

2. 胡克定律

设一等截面直杆原长为 l_0，横截面面积为 A。在轴向拉力 $\boldsymbol{F}$ 的作用下，长度由 l_0 变为 l_1（图 3-6-1）。杆件沿轴线方向的伸长量为 $\Delta l = l_1 - l_0$，规定拉伸时 Δl 为正，压缩时 Δl 为负。

图 3-6-1

杆件的伸长量与杆的原长有关，为了消除杆件长度的影响，将 Δl 除以 l，即以单位长度

的伸长量来表示杆件变形的程度,称为**线应变**,用 ε 表示:

$$\varepsilon = \frac{\Delta l}{l} \tag{3-2}$$

ε 是无量纲的量,正负号规定以拉为正、压为负。

实验证明:当杆件横截面上的正应力不超过某一限度时,杆件的伸长量 Δl 与轴力 N 及杆件原长 l 成正比,与横截面面积 A 成反比。即:

$$\Delta l \propto \frac{Nl}{A} \tag{3-3}$$

引入比例常数 E,则上式可写为

$$\Delta l = \frac{Nl}{EA} \tag{3-4}$$

上式称为**胡克定律**。它是由英国科学家胡克(Robert Hooke, 1635—1703)于 1678 年提出的。

式(3-4)中的 E 是指材料的**弹性模量**,与材料的性质有关,其单位与应力相同,常用单位为 GPa。材料的弹性模量由实验测定。弹性模量表示在受拉(压)时,材料抵抗弹性变形的能力。由式(3-4)可看出,EA 越大,杆件的变形 Δl 就越小,故称 EA 为杆件**抗拉(压)刚度**。工程上常用材料的弹性模量见表 3-6-1。

将式(3-1)和(3-2)代入式(3-4),可得:

$$\sigma = E\varepsilon \tag{3-5}$$

上式可表述为:当应力不超过比例极限时,则正应力与纵向线应变成正比。

胡克定律使用条件:(1)胡克定律只适用于杆内应力未超过某一限度,此限度称为比例极限;(2)在杆长 l 内,轴力 N,材料弹性模量 E,截面面积 A 都应是常数。

表 3-6-1　常用材料的弹性模量 E

材料名称	E(单位:GPa)
碳素钢	200～210
合金钢	185～205
花岗石	49
混凝土	14.6～36
木材(顺纹)	10～12
铝合金	70

 想一想

判断图 3-6-2 中所示各物体产生的是塑性变形还是弹性变形?塑性变形的打"√"。

土木工程力学基础(少学时)

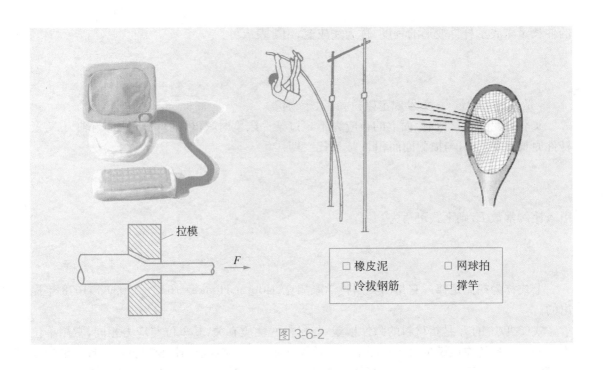

拉模

F

□ 橡皮泥　　　□ 网球拍
□ 冷拔钢筋　　□ 撑竿

图 3-6-2

第五节　直杆轴向拉、压的强度计算

1. 许用应力和安全系数

　　工程上将使材料丧失正常工作能力的应力称为**极限应力**,用 σ^0 表示。

　　构件在荷载作用下产生的应力称为**工作应力**。等直杆最大轴力处的横截面称为危险截面,而危险截面上的应力称为最大工作应力。

　　为使构件正常工作,最大工作应力应小于材料的极限应力,并使构件留有必要的强度储备。因此,一般将极限应力除以一个大于 1 的系数,即**安全因数** n,作为强度设计时的最大许可值称为**许用应力**,用$[\sigma]$表示,即:

$$[\sigma] = \frac{\sigma^0}{n}$$

　　安全因数的选取,关系到工程设计的安全和经济这一对矛盾问题。安全因数越大,强度储备越多,构件则越偏于安全,但不经济;反之,只考虑经济,安全性下降。因此,在进行强度计算时,应注意根据实际合理地选取安全系数。

2. 强度计算

　　为保证轴向拉、压杆件在外力作用下具有足够的强度,应使杆件的最大工作应力不超过

材料的许用应力,由此,建立强度条件:

$$\sigma_{\max} = \frac{F_N}{A} \leqslant [\sigma] \tag{3-6}$$

式(3-6)中 F_N 为轴力,常用单位为 N(牛顿);A 为杆件横截面面积,常用单位为 mm^2;$\sigma_{\max}$ 为最大工作应力,$[\sigma]$ 为许用应力,单位为 MPa($1\ MPa = 1\ N/mm^2$)。

必须指出,对受压直杆进行强度计算时,式(3-6)仅适用较粗短的直杆。而对细长的受压杆,应进行稳定性计算,关于稳定性问题,将在本书第五章讨论。

上述强度条件,可以解决三种类型的强度计算问题:

(1)强度校核。

若已知杆件尺寸 A、荷载 F 和材料的许用应力 $[\sigma]$,则可应用式(3-6)验算杆件是否满足强度要求,即:

$$\sigma_{\max} \leqslant [\sigma]$$

(2)设计截面尺寸。

若已知杆件的荷载及材料的许用应力 $[\sigma]$,则由式(3-6)可得:

$$A \geqslant \frac{F_N}{[\sigma]}$$

由此确定满足强度条件的杆件所需横截面面积,从而得到相应的截面尺寸。

(3)确定许可荷载。

若已知杆件尺寸和材料的许用应力 $[\sigma]$,由式(3-6)可确定许可荷载,即:

$$F_{N_{\max}} \leqslant [\sigma]A$$

由此可计算出已知杆件所能承担的最大轴力,从而确定杆件的最大许可荷载。

[例3] 图 3-8-1 所示钢拉杆受轴向载荷 $F = 40\ kN$ 作用,材料的许用应力 $[\sigma] = 170\ MPa$,横截面为矩形,其中 $h = 30\ mm$,$b = 15\ mm$。试校核拉杆的强度是否满足要求?

图 3-8-1

解: 钢拉杆的轴力:$F_N = F = 40\ kN$

则拉杆的应力为:$\sigma = \dfrac{F_N}{A} = \dfrac{F_N}{bh} = \dfrac{40 \times 10^3}{30 \times 15} = 88.89\ MPa < [\sigma] = 170\ MPa$,故满足强度条件。

[例4] 图 3-8-2 所示三铰支架的两杆件材料均为铸铁,截面积为 $A_1 = A_2 = 100\ mm^2$,材料的许用拉应力 $[\sigma_t] = 100\ MPa$,许用压应力 $[\sigma_c] = 150\ MPa$。试求该结构的许可荷载 $[P]$。

解:(1)求各杆的内力,取节点 B 为研究对象。

土木工程力学基础(少学时)

由 $\sum X = 0$ $F_{N_1} \cos 60° + F_{N_2} \cos 45° = 0$

得 $F_{N_1} = -\sqrt{2} F_{N_2}$

由 $\sum Y = 0$ $F_{N_1} \sin 60° - F_{N_2} \sin 45° - \boldsymbol{F}_P = 0$

      $\sqrt{3} F_{N_1} - \sqrt{2} F_{N_2} = 2\boldsymbol{F}_P$

得 $F_{N_2} = -\dfrac{2}{\sqrt{6}+\sqrt{2}} F_P = -0.518\boldsymbol{F}_P$

     $F_{N_1} = \dfrac{2\sqrt{2}}{\sqrt{6}+\sqrt{2}} F_P = 0.732\boldsymbol{F}_P$

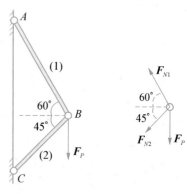

图 3-8-2

(2) 由 AB 杆强度条件：$\dfrac{F_{N_1}}{A_1} \leqslant [\sigma_t]$

得 $F_{P_1} \leqslant \dfrac{A_1[\sigma_t]}{0.732} = \dfrac{100 \times 100}{0.732} = 13.66 \times 10^3 \, \text{N} = 13.66 \, \text{kN}$

(3) 由 CB 杆强度条件：$\left| \dfrac{F_{N_2}}{A_2} \right| \leqslant [\sigma_c]$

得 $F_{P_2} \leqslant \dfrac{A_2[\sigma_c]}{0.518} = \dfrac{100 \times 150}{0.518} = 28.96 \times 10^3 \, \text{N} = 28.96 \, \text{kN}$

(4) 取二者中较小值，即许可荷载 $[\boldsymbol{F}_P] = 13.66 \, \text{kN}$。

[例5] 如图 3-8-3 所示三铰支架的 AC 杆为圆钢杆，材料的许用拉应力 $[\sigma_t] = 160 \, \text{MPa}$；$BC$ 杆为方木杆，$F = 60 \, \text{kN}$。试求杆 AC 的直径 d。

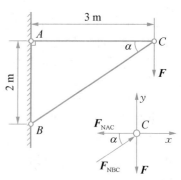

图 3-8-3

解：取节点 C 为研究对象，杆 AC、BC 均为二力杆。

由 $\begin{cases} \sum Y = 0 & F_{NBC} \cdot \sin\alpha - F = 0 \\ \sum X = 0 & F_{NBC} \cdot \cos\alpha - F_{NAC} = 0 \end{cases}$

得 $F_{NBC} = \dfrac{F}{\sin\alpha} = \dfrac{60}{\dfrac{2}{\sqrt{2^2+3^2}}} = 108 \, \text{kN}$

   $F_{NAC} = F_{NBC} \cos\alpha = \dfrac{F}{\sin\alpha} \cdot \cos\alpha = 60 \times \dfrac{3}{2} = 90 \, \text{kN}$

由 $A = \dfrac{\pi d^2}{4} \geqslant \dfrac{F_{NAC}}{[\sigma_t]}$

得 $d \geqslant \sqrt{\dfrac{4F_{NAC}}{\pi[\sigma_t]}} = \sqrt{\dfrac{4 \times 90 \times 10^3}{\pi \times 160}} = 26.8 \, \text{mm}$

故取 AC 杆直径为 $d = 27 \, \text{mm}$。

图 3-8-4 所示三铰支架,杆①为直径 $d = 16\,\text{mm}$ 的圆截面钢杆,许用应力 $[\sigma]_1 = 140\,\text{MPa}$;杆②为边长 $a = 100\,\text{mm}$ 的方形截面木杆,许用应力 $[\sigma]_2 = 4.5\,\text{MPa}$。已知结点 B 处挂一重物 $F_G = 36\,\text{kN}$,试校核两杆的强度。

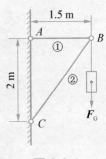

图 3-8-4

第六节　直杆轴向拉、压在工程中的应用

1. 拉杆

图 3-6-1 所示斜拉桥(又称斜张桥)利用若干斜拉索承受桥梁荷载,图 3-6-2 所示拱桥则是利用吊杆承受住桥梁荷载。它们的共同特点是:依靠拉杆(拉索)承受桥板和桥板上的荷载,并将其传递给其他构件。

图 3-6-1

图 3-6-2

2. 桁架

桁架是指由若干直杆在其两端以适当的方式连接而成的结构,在实际工程中,常用于大跨度的工程结构,如:厂房、塔吊、体育馆和桥梁等。另外,由于桁架大多用于建筑的屋盖结构,通常也被称作为屋架。图 3-6-3 所示为桁架结构的计算简图,在节点荷载作用下,上弦杆收轴向压力,下弦杆受轴向拉力。

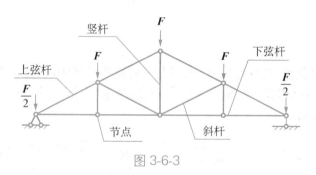

图 3-6-3

*3. 应力集中现象

一等截面的直杆在轴向外力的作用下,其横截面上的正应力是均匀分布的。如果该杆件的截面尺寸发生突变,则在截面突变处的应力并不均匀。例如,一开有圆孔的直杆在轴向拉力作用下,位于圆孔附近的局部区域内的应力急剧增大,而在离开这一区域处,应力则迅速下降并趋于均匀,如图 3-6-4 所示。我们把这种受力构件由于几何形状、外形尺寸发生突变而引起局部范围内应力显著增大的现象称为**应力集中**。

由于应力集中对脆性材料影响尤其大,会导致脆性材料构件承载能力的降低,使其发生局部断裂,很快整个构件遭到破坏,因此,在实际工程中一定要足够的重视。

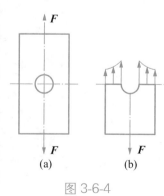

图 3-6-4

一、轴向拉、压杆横截面上的应力:

轴向拉、压杆横截面上的内力是轴力 $\boldsymbol{F}_N$。横截面上的应力是正应力 $\boldsymbol{\sigma}$,且均匀分布在整个横截面上,即

$$\sigma = \frac{N}{A}$$

适用条件为:等截面直杆轴向拉伸或压缩变形。

二、胡克定律

当应力不超过比例极限时,正应力与纵向线应变成正比,即

$$\sigma = E \cdot \varepsilon$$

胡克定律的另一表达形式是: $\Delta l = F_N l / EA$

三、轴向拉压杆的强度条件

$$\sigma_{\max} = \frac{F_N}{A} \leqslant [\sigma]$$

应用强度条件可以解决强度校核、设计截面和确定许可载荷等三类工程计算问题。

四、进行强度计算的步骤

1. 分析外力;
2. 用截面法计算内力,画轴力图;
3. 分析危险截面位置及内力大小;
4. 计算危险截面的应力,并建立强度条件;
5. 进行三类问题的计算。

第四章
直梁弯曲

　　弯曲变形是工程中最常见的一种基本变形。弯曲变形是指杆件受到垂直于杆轴的外力作用或在纵向平面内受到力偶的作用,杆轴由直线变成曲线。以弯曲变形为主要变形的杆件被称为梁,例如:肋形楼盖楼板中的主梁、次梁和楼板;阳台的悬挑梁和阳台板、梁板式筏形基础的基础梁和板等。

　　本章中,我们将学习梁的形式和内力,熟练绘制剪力图和弯矩图,并了解梁的正应力及其强度条件,熟悉梁的变形及直梁弯曲在工程实际中的应用。

在建车间钢梁连环倒塌

图 4-0-1

2008 年 11 月 10 日下午 16 时,青海省互助土族自治县金圆水泥公司在建车间(图4-0-1)12 根钢梁连环倒塌,造成 5 人死亡 1 人重伤。

事发时,数十名工人正在钢梁下现场作业,场地北侧两辆吊车在起吊钢梁时不慎将已安装就位的钢梁撞倒。顷刻间,已安装到位的 12 根钢梁连环倒塌,并向场地南侧砸去。

听到呼喊的工人陆续逃离现场,但有 6 名工人不幸被钢梁砸中,其中 4 名当场死亡,1 名伤者在送往医院后经抢救无效死亡。

通过现场调查发现:用于固定钢梁的水泥墩螺杆底部有明显的焊接痕迹。因承受不了钢梁倒塌时产生的惯性力,螺杆已经弯曲变形,螺帽也从螺杆上部脱落。在未倒塌的钢梁下,水泥墩与钢架接触有很大空隙,施工人员仅用钢板和水泥石块填充,保持钢梁间距的横梁也只用铁丝简单捆绑。经过事故调查组初步调查,这是一起建筑施工生产安全事故,要求施工现场全面停工进行整顿。

该则新闻给了你什么样的启示?

第一节　平面弯曲和梁的概念

1. 平面弯曲

　　工程中常见的直梁,其横截面往往有一根对称轴,如图 4-1-1 所示,由对称轴与梁的纵轴所组成的平面,称为**纵向对称平面**。如果作用在梁上的外力(包括荷载和支座反力及外力偶)都位于纵向对称平面之内,梁变形后,轴线将在此纵向对称平面内弯曲。这种梁的弯曲平面和外力作用平面相重合的弯曲,称为**平面弯曲**。平面弯曲是最简单,也是最常见的一种弯曲变形。本章主要讨论等截面直梁的平面弯曲问题。

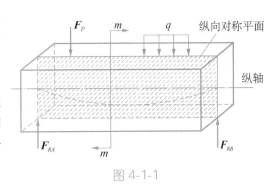

图 4-1-1

2. 梁的类型

　　支座反力能够利用静力平衡条件完全确定的梁称为**静定梁**。

　　工程中对于单跨静定梁按其支座情况可分为以下三种形式。

　　(1) 简支梁:梁的一端为固定铰支座,另一端为可动铰支座,如图 4-1-2(a)所示。

　　(2) 悬臂梁:梁的一端为固定端,另一端为自由端,如图 4-1-2(b)所示。

　　(3) 外伸梁:简支梁的一端或两端伸出支座,如图 4-1-2(c)所示。

　　　　　(a)　　　　　　　　　　　　　(b)　　　　　　　　　　　　　(c)

图 4-1-2

🔧 **练一练**

　　请画出图 4-1-3 所示各种截面形式的梁的纵向对称轴。

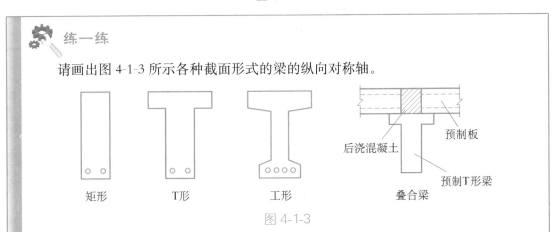

　　矩形　　　　　　T形　　　　　　工形　　　　　　叠合梁

图 4-1-3

土木工程力学基础(少学时)

第二节　梁的内力

为了解决计算梁的强度和刚度问题,在求得梁的支座反力后,首先需要计算它的内力。

1. 剪力和弯矩

梁弯曲时,横截面上存在两种内力:

(1) 相切于横截面的内力 Q,称为剪力;

(2) 作用面与横截面相垂直的内力偶矩 M,称为弯矩。

剪力的单位为牛(N)或千牛(kN),弯矩的单位为 N·m 或 kN·m。

图 4-2-1(a)所示一简支梁,由荷载 F_P 和支座反力 F_{RA},F_{RB} 组成平衡力系。根据截面法,以截面 m-m 的形心 C 为矩心,截面 m-m 的剪力和弯矩可由左段梁的平衡方程求得:

$$\sum Y = 0 \quad F_{RA} - Q = 0$$

$$Q = F_{RA}$$

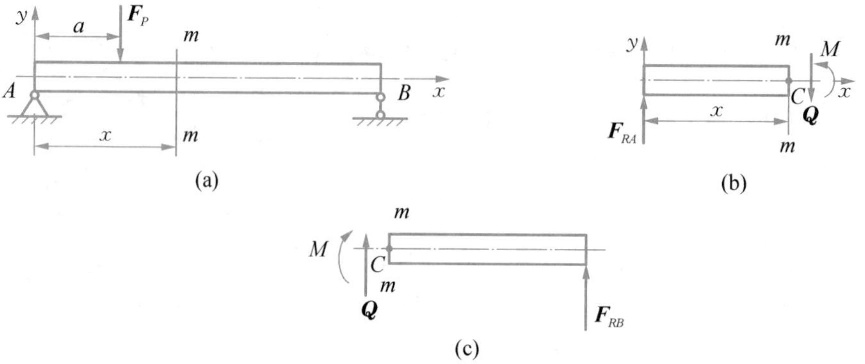

(a)

(b)

(c)

图 4-2-1

$$\sum M_C = 0 \quad M - F_{RA}x = 0$$

$$M = F_{RA}x$$

如果取右段梁为研究对象,同样可求得截面 $m-m$ 上的 Q 和 M'。根据作用力和反作用力的关系,右段梁在截面 $m-m$ 上的 Q,M 与左段梁在同一截面上的 Q,M 大小相等、方向相反。

2. 剪力和弯矩的正负号规定

为了使从左、右两段梁求得同一截面上的内力 Q 与 M 具有相同的正负号,并由它们的正负号反映变形的情况,对其作如下规定。

(1)剪力的正负号:当截面上的剪力 Q 使所考虑的分离体有顺时针转动趋势时为正;反之为负,如图 4-2-2(a)所示。为了方便记忆,可以记为"顺转剪力正"或"左上右下剪力正"。

(2)弯矩的正负号:当截面上的弯矩 M 使所考虑的分离体产生下凸变形时(即上部受压、下部受拉)为正;反之为负,如图 4-2-2(b)所示。为了方便记忆,可以记为"下凸弯矩正"或"左顺右逆弯矩正"。

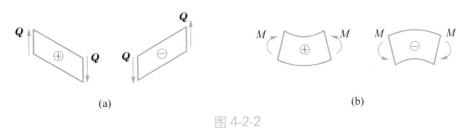

(a)　　　　　　　　　　　　　　　(b)

图 4-2-2

3. 截面法求剪力和弯矩的步骤

(1)计算支座反力;

(2)用假想截面在需求内力处将梁截成两段,取其中一段为研究对象;

(3)画出研究对象的受力图,剪力和弯矩假设为正号;

(4)建立平衡方程,求出内力。

[**例 1**]　图 4-2-3 所示外伸梁受荷载作用,截面 1-1 和 2-2 都无限接近于截面 A,截面 3-3 和 4-4 也都无限接近于截面 D。试求各截面的剪力和弯矩。

解:(1)求支座反力。

取整体为研究对象,假设支座反力 F_{RA},F_{RB} 方向均向上,列平衡方程:

由 $\sum M_A = 0$ $\qquad F \times 2l - Fl + F_{RB} \times 4l = 0$

$$F_{RB} = -\frac{1}{4}F(\downarrow)$$

由 $\sum M_B = 0$ $\qquad -F_{RA} \times 4l + F \times 6l - Fl = 0$

$$F_{RA} = \frac{5}{4}F(\uparrow)$$

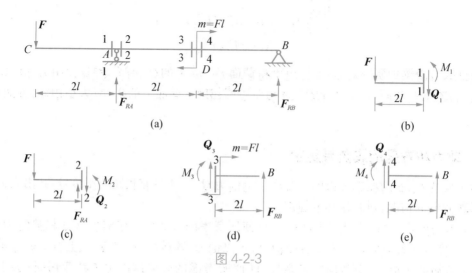

图 4-2-3

验算：$\sum Y = F_{RA} + F_{RB} - F = \dfrac{5}{4}F - \dfrac{1}{4}F - F = 0$，可得计算正确。

（2）求截面 1-1 的内力。

用截面 1-1 截取左段梁为研究对象，

由 $\sum Y = 0$ 　$-F - Q_1$，得 $Q_1 = -F$

由 $\sum M_1 = 0$ 　$2Fl + M_1 = 0$，得 $M_1 = -2Fl$

（3）求截面 2-2 的内力。

用截面 2-2 截取左段梁为研究对象，

由 $\sum Y = 0$ 　$F_{RA} - F - Q_2 = 0$，得 $Q_2 = F_{RA} - F = \dfrac{5}{4}F - F = \dfrac{1}{4}F$

由 $\sum M_2 = 0$ 　$2Fl + M_2 = 0$，得 $M_2 = -2Fl$

（4）求截面 3-3 的内力。

用截面 3-3 截取右段梁为研究对象，

由 $\sum Y = 0$ 　$Q_3 + F_{RB} = 0$，得 $Q_3 = -F_{RB} = \dfrac{F}{4}$

由 $\sum M_3 = 0$ 　$-M_3 - m + 2F_{RB}l = 0$，得 $M_3 = -Fl - 2 \times \dfrac{F}{4}l = -\dfrac{3}{2}Fl$

（5）求截面 4-4 的内力。

用截面 4-4 截取右段梁为研究对象，

由 $\sum Y = 0$ 　$Q_4 + F_{RB} = 0$，得 $Q_4 = -F_{RB} = \dfrac{F}{4}$

由 $\sum M_4 = 0$ 　$-M_4 + F_{RB} \times 2l = 0$，得 $M_4 = 2F_{RB}l = -\dfrac{1}{2}Fl$

比较截面 1-1 和 2-2 的内力，在**集中力**的两侧横截面，**剪力发生了突变**，突变值等于该集中力的大小（F_{RA}）。（弯矩相同）

比较截面 3-3 和 4-4 的内力，在**集中力偶**的两侧横截面，**弯矩发生突变**，突变值等于该集中力偶矩的大小（m）。（剪力相同）

利用截面法求指定截面内力时,应注意以下几点。

① 可取截面左半部分为研究对象,也可取截面右半部分为研究对象,一般取外力比较简单或少的一段进行分析。

② 正负号问题:在画研究对象的受力图时,截面上未知内力按本身的正负号规定,假设为正号。在列平衡方程时,Q,M 作为研究对象上的外力看待,求得结果的正号说明假设方向与实际方向一致,负号为相反;即结果的正负号,就表示内力的正负号。

③ 在集中力作用处,剪力突变;在集中力偶作用处,弯矩突变,因此无法求这些截面的剪力或弯矩,而应计算该截面稍左或稍右截面处的内力。

 想一想

按照[例1],请用截面法取 3-3 截面的左段作为分离体,求出该截面的剪力和弯矩,和例题比比看,结果一样吗?

4. 剪力和弯矩的计算规律

（1）剪力的计算规律。

计算剪力是对左(或右)段梁建立投影方程 $\sum Y = 0$,经过移项后可得:

$$Q = \sum F_{P_{左}} \tag{4-1}$$

或
$$Q = \sum F_{P_{右}} \tag{4-2}$$

式(4-1)、(4-2)说明:梁内任一横截面上的剪力Q,其大小等于该截面左侧(或右侧)的所有外力的代数和。若外力对所求截面产生顺时针方向转动趋势时,外力取正号;反之取负号。此规律可记为"顺转剪力正"或"左上右下剪力正",即外力在截面以左的话取向上为正;外力在截面以右的话取向下为正。由于力偶在任一轴上的投影都为零,所以力偶在剪力计算中记入 0。

（2）弯矩的计算规律。

计算弯矩是对左(或右)段梁建立力矩方程 $\sum M_C = 0$,经过移项后可得:

$$M = \sum M_C(F_{P_{左}}) \tag{4-3}$$

或
$$M = \sum M_C(F_{P_{右}}) \tag{4-4}$$

式(4-3)、(4-4)说明:梁内任一横截面上的弯矩 M,其大小等于该截面左侧(或右侧)所有外力对该截面形心的力矩的代数和。将所求截面固定,若外力矩使所考虑梁段产生向下凸的变形时(即上部受压、下部受拉),外力矩取正号;反之取负号。此规律可记为"下凸弯矩正"或"左顺右逆弯矩正"。

直接由外力写出截面的内力,可以省去画受力图和列平衡方程,从而简化计算过程。

[例2] 图 4-2-4 所示一外伸梁,所受荷载如图所示。试求截面 C,截面 $B_{左}$ 和截面 $B_{右}$ 上的剪力和弯矩。

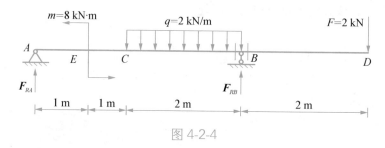

图 4-2-4

解:(1) 求支座反力。

取整个梁为研究对象,假设支座反力 F_{RA}, F_{RB} 方向向上。

由 $\sum M_A = 0$ $\qquad m - q \times 2 \times 3 + F_{RB} \times 4 - F \times 6 = 0$

$$8 - 2 \times 2 \times 3 + F_{RB} \times 4 - 4 \times 6 = 0$$

$$F_{RB} = 4 \text{ kN}$$

由 $\sum M_B = 0$ $\qquad -F_{RA} \times 4 + m + q \times 2 \times 1 - F \times 2 = 0$

$$-4F_{RA} + 8 + 2 \times 2 - 2 \times 2 = 0$$

$$F_{RA} = 2 \text{ kN}$$

验算:$\sum Y = F_{RA} + F_{RB} - q \times 2 - F = 2 + 4 - 2 \times 2 - 2 = 0$,可得计算无误。

(2) 计算 C 截面的内力。

将 C 截面右半部分用纸盖住(相当于在 C 截面处截开梁,取左段为研究对象),根据"左上右下剪力正"的规律,由于取截面左段,所以外力以向上取正号,向下取负号,力偶记 0,所以有:

$$Q_C = +F_{RA} = 2 \text{ kN}$$

根据"左顺右逆弯矩正"的规律,因为取截面的左段,所以外力矩以顺时针取正号,逆时针取负号,所以有:

$$M_C = +F_{RA} \times 2 - m = 2 \times 2 - 8 = -4 \text{ kN} \cdot \text{m}$$

(3) 计算 $B_{左}$ 截面的内力。

将 $B_{左}$ 截面左半部分用纸盖住(相当于在 $B_{左}$ 截面处截开梁,取右段为研究对象),根据"左上右下剪力正"的规律,由于取截面右段,所以外力以向下取正号,向上取负号,力偶记 0,

土木工程力学基础(少学时)

所以有：

$$Q_{B左} = -F_{RB} + F = -4 + 2 = -2 \text{ kN}$$

根据"左顺右逆弯矩正"的规律，因为取截面的右段，所以外力矩以逆时针取正号，顺时针取负号，所以有：

$$M_{B左} = -F \times 2 = -2 \times 2 = -4 \text{ kN} \cdot \text{m}$$

（4）计算 $B_右$ 截面的内力。

$$Q_{B右} = +F = 2 \text{ kN}$$
$$M_{B右} = M_{B左} = -F \times 2 = -2 \times 2 = -4 \text{ kN} \cdot \text{m}$$

 练一练

图 4-2-5 所示一悬臂梁，请根据剪力和弯矩的计算规律求出 $A_右$ 截面、B 截面的剪力和弯矩值，并与剪力图和弯矩图中的值相比较，看看你算得是否正确？

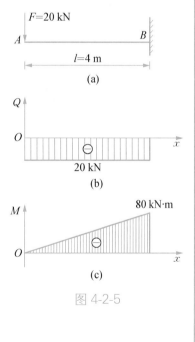

图 4-2-5

第三节　梁的内力图

为了计算梁的强度和刚度问题，除了要计算指定截面的剪力和弯矩外，还必须知道剪力和弯矩沿轴线的变化规律，从而找到剪力和弯矩的最大值以及它们所在的截面位置。

1. 利用内力方程画内力图

从上节的讨论可以看出,梁内各截面上的剪力和弯矩一般随截面的位置而变化,若横截面的位置用沿梁轴线的坐标 x 来表示,则各横截面上的剪力和弯矩都可以表示为坐标 x 的函数,即

$$Q_x = Q(x) \qquad M_x = M(x)$$

$Q(x)$ 和 $M(x)$ 分别称为剪力方程和弯矩方程。

为了形象地表现出剪力和弯矩沿梁轴线的变化规律,可以根据剪力方程和弯矩方程分别绘制剪力图和弯矩图。它的画法与轴力图类似,以沿梁轴的横坐标 x 表示梁横截面的位置,以纵坐标表示相应截面的剪力或弯矩。我们一般习惯把正剪力画在 x 轴上方,负剪力画在 x 轴下方;而把弯矩画在梁受拉的一侧。由于弯矩以下凸为正(下部受拉),所以一般正弯矩画在 x 轴的下方,负弯矩画在 x 轴的上方。

[**例3**] 如图 4-3-1(a)所示悬臂梁受集中力作用,试画出此梁的剪力图和弯矩图。

解:(1)列剪力方程和弯矩方程。

设 x 轴,并将梁右端 A 点设为坐标原点,在离原点长度为 x 的截面处截取右段梁为研究对象,由剪力和弯矩的计算规律,有:

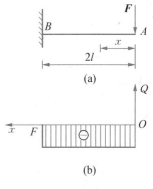

$$Q_x = -F \qquad \text{(a)}$$

$$M_x = -Fx \qquad \text{(b)}$$

(2)画剪力图和弯矩图。

剪力方程(a)表明,梁内各截面的剪力都相同,其值都是 $-F$。所以,剪力图是一条平行于 x 轴的直线,且位于 x 轴的下方,如图 4-3-1(b)所示。

弯矩方程(b)表明,M_x 是 x 的一次函数,所以弯矩沿梁轴线按直线规律变化。由于是直线,故只要确定梁 A,B 截面的弯矩,便可画出弯矩图,式(b)可得:

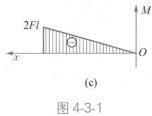

$$\begin{cases} \text{当 } x = 0 \text{ 时} \quad M_A = 0 \\ \text{当 } x = 2l \text{ 时} \quad M_B = -2Fl \end{cases}$$

图 4-3-1

画出弯矩图如图 4-3-1(c)所示。

[**例4**] 如图 4-3-2 所示简支梁受均布荷载作用,试画出此梁的剪力图和弯矩图。

解:(1)求支座反力。

由对称关系,可得

$$F_{RA} = F_{RB} = \frac{1}{2}ql$$

(2)列剪力方程和弯矩方程。

取距 A 点为 x 处的任意截面,利用剪力和弯矩的计算规律有:

土木工程力学基础(少学时)

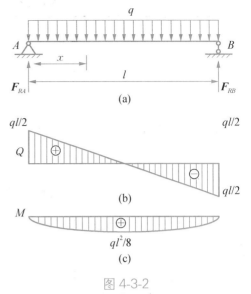

$$Q_x = F_{RA} - qx = \frac{1}{2}ql - qx \qquad \text{(a)}$$

$$M_x = F_{RA}x - \frac{1}{2}qx^2 = \frac{1}{2}qlx - \frac{1}{2}qx^2 \qquad \text{(b)}$$

（3）画剪力图和弯矩图。

由式（a）可知，Q_x 是 x 的一次函数，即剪力方程为直线方程，剪力图是一条斜直线。

$$\begin{cases} \text{当 } x = 0 \text{ 时} \quad Q_A = \frac{1}{2}ql \\ \text{当 } x = l \text{ 时} \quad Q_B = -\frac{1}{2}ql \end{cases}$$

根据以上两个值，画出剪力图如图 4-3-2（b）所示。

由式（b）可知，M_x 是 x 的二次函数，说明弯矩图是一条二次抛物线，应至少计算三个截面的弯矩值才能描出曲线的大致形状：

$$\begin{cases} \text{当 } x = 0 \text{ 时} \quad M_A = 0 \\ \text{当 } x = l/2 \text{ 时} \quad M_{\text{中}} = \frac{1}{8}ql^2 \\ \text{当 } x = l \text{ 时} \quad M_B = 0 \end{cases}$$

图 4-3-2

根据计算结果，画出弯矩图如图 4-3-2（c）所示。

由内力图可知，受满布的均布荷载作用的简支梁，最大剪力发生在梁端，它的数值 $|Q|_{\max} = \frac{1}{2}ql$；而最大弯矩发生在剪力为零的跨中截面，它的数值 $|M|_{\max} = \frac{1}{8}ql^2$。

2. 梁的剪力图和弯矩图

（1）列内力方程画内力图的步骤。

① 求支座反力（若是悬臂梁可以不求）；

② 分段。在集中力（包括支座反力）和集中力偶作用处，以及分布荷载的分布规律发生变化处将梁分段；

③ 列出各段的内力方程。分段时各段所取的坐标原点与坐标轴 x 的正向可视计算方便而定，不必一致；

④ 画剪力图和弯矩图。先根据内力方程判断内力图的形状，再根据内力方程计算若干个控制截面（如：各段的首尾截面、剪力为零的截面）的内力值，就可以描点画图；

⑤ 根据所画的 Q 图和 M 图确定最大内力的数值和位置。

（2）现将静定梁在常见单种荷载作用下的 Q 图和 M 图列于表 4-3-1 中。熟记这些内力图形对今后的学习会带来很大的帮助。

表 4-3-1　静定梁在单种荷载作用下的 Q 图和 M 图

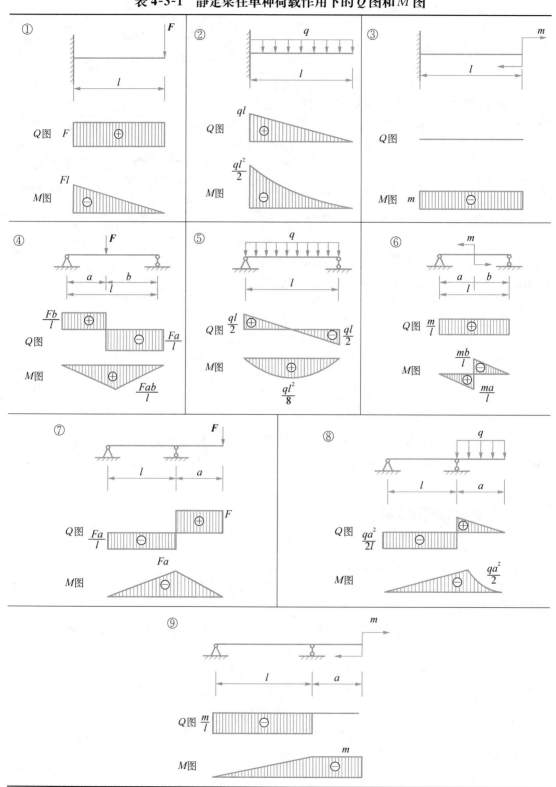

（3）由以上内力图，可以总结出以下内力图的规律。

① 在无荷载梁段，Q 图为水平线，M 图为斜直线或水平线（$F_S = 0$）；

② 在向下的均布荷载作用的梁段，Q 图为下斜直线，M 图为下凸曲线；

③ 在集中力作用处，Q 图发生突变，突变的绝对值等于集中力的大小，M 图发生转折；

④ 在集中力偶作用处，M 图发生突变，突变的绝对值等于该力偶的力偶矩，Q 图无变化；

⑤ 在剪力为零的截面，弯矩存在极值。

 想一想

请根据内力图的规律把图 4-3-3 所示①、②两个梁的剪力图和弯矩图找到，填写在括号中（不考虑数值），并写出你的判断依据。

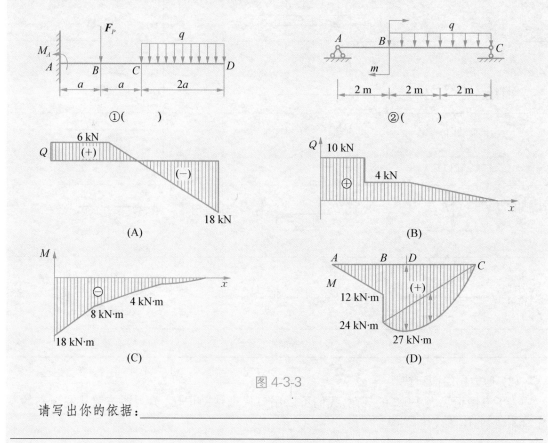

图 4-3-3

请写出你的依据：_____

3. 利用简捷法画内力图

直梁的剪力、弯矩和荷载之间的关系具有一定的规律，现归纳于表 4-3-2。利用这些规律可以大大简化绘制内力图的程序，我们把这种利用作图规律进行内力图绘制的方法称为简捷法。

表 4-3-2　梁的剪力图、弯矩图与荷载之间的关系

梁上荷载情况	剪力图	弯矩图
无荷载分布 （$q=0$）	$Q=0$	水平线　$M<0$ $M=0$ $M>0$
	$Q>0$	下斜直线
	$Q<0$	上斜直线
均布荷载向上 $q>0$	上斜直线	上凸曲线
均布荷载向下 $q<0$	下斜直线	下凸曲线
集中力作用　F C	C	C 截面有转折
集中 力偶 作用　m C	C 截面无变化	C 截面有突变　m
	$Q=0$ 截面	M 有极值

（1）剪力图绘图口诀。

为了方便记忆表 4-3-2 的规律，我们可以用口诀来帮助记忆，剪力图按照从左至右的顺序绘制，它的作图规律为：

没有荷载水平线，　①

均布荷载斜直线，　②

集中荷载有突变，　③

集中力偶无影响。　④

①表示在没有荷载作用的区段，剪力图应为一条水平（即平行于 x 轴）的直线。②表示在均布荷载作用的区段，剪力图为一条斜直线（倾斜于 x 轴），当均布荷载向下时，直线下斜；当均布荷载向上时，直线上斜，斜直线两端的剪力差值与均布荷载的合力大小相等。③表示在集中荷载作用的截面上，剪力值发生突变（垂直于 x 轴），集中荷载向上时，突变向上；集中

荷载向下时,突变向下,突变值的大小等于集中荷载的大小。④表示集中力偶对剪力图没有影响,即剪力图没有变化。这是由于力偶对任意一条直线的投影都为零,故力偶对剪力值的影响为零,即无影响,剪力值没有变化。

（2）弯矩图绘图口诀。

弯矩图按照从左至右的顺序绘制,它的作图规律为:

没有荷载斜直线,　①

均布荷载抛物线,　②

集中荷载转折点,　③

集中力偶有突变。　④

①表示在没有荷载作用的区段(剪力不为零),弯矩图为一条倾斜(于 x 轴)的直线(当该段剪力为零时,弯矩图为水平直线)。②表示在均布荷载作用的区段,弯矩图为抛物线,当均布荷载竖直向下时,为下凹的曲线;反之,当均布荷载竖直向上时,为上凸的曲线。当此区段中有 $F_Q = 0$ 的截面时,该截面的弯矩值为整个区段中的极大值(或极小值),即为整个抛物线的顶点,记为 M'_{max}(与整个梁中的最大弯矩值 M_{max} 相区别)。③表示在有集中荷载作用截面,弯矩图出现一个转折点。④表示在有集中力偶作用的截面上,弯矩值出现突变,当集中力偶为顺时针转向时,突变值为正;逆时针转向时,突变值为负;且突变值的大小等于集中力偶矩的大小。

（3）简捷法绘制内力图的步骤。

（1）求支座反力;

（2）根据口诀从左至右的顺序绘制剪力图,由于梁是平衡的,故剪力图应该是一个在所有外力作用下自行封闭的图形;

（3）求控制截面的弯矩值;

控制截面包括:集中荷载作用截面(包括支座截面)、集中力偶作用的左右两个截面、均布荷载变化截面以及均布荷载分布区段中 $Q = 0$ 的截面。

（4）绘制弯矩图:把各控制截面的弯矩值描在截面所在 x 轴位置上,注意正弯矩值描在 x 轴下方,负弯矩值描在 x 轴上方;然后根据口诀把各点用直线或曲线相连,形成弯矩图。

[例5]　利用简捷法绘制如图 4-3-4 所示外伸梁的剪力图和弯矩图。

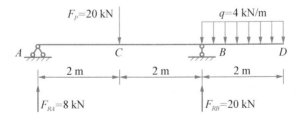

解:（1）求支座反力。

由 $\sum M_B = 0$ 　　　$-F_{RA} \times 4 + F_P \times 2 - q \times 2 \times 1 = 0$

得 　　　　　　　　　$F_{RA} = 8 \text{ kN}$

由 $\sum M_A = 0$ 　　　$-F_P \times 2 + F_{RB} \times 4 - q \times 2 \times 5 = 0$

得 　　　　　　　　　$F_{RB} = 20 \text{ kN}$

（2）根据弯矩的计算规律，求控制截面 A，B，C，D 的弯矩值。

$$\begin{cases} M_A = 0 \\ M_D = 0 \\ M_C = +F_{RA} \times 2 = +8 \times 2 = +16 \text{ kN} \cdot \text{m} \\ M_B = -q \times 2 \times 1 = -4 \times 2 = -8 \text{ kN} \cdot \text{m} \end{cases}$$

（3）根据口诀，绘制剪力图与弯矩图，过程如表 4-3-3 所示。

表 4-3-3

分段	Q 图特征	M 图特征
AC	水平线，$Q_{A右} = F_{RA} = 8$ kN	描点 $M_A = 0$、$M_C = 16$ kN·m，由于 AC 段没有荷载，把 M_A 和 M_C 用直线相连。（因为 $Q > 0$，故为下斜直线）
CB	由于 C 截面有集中荷载 F_P 作用，C 截面有突变，突变值为 $F_P = 20$ kN，与 F_P 方向一致，向下突变，$Q_{C右} = Q_{A右} - F_P = 8 - 20 = -12$ kN	描点 $M_B = -8$ kN·m，由于 CB 段没有荷载，把 M_C 和 M_B 用直线相连。（因为 $Q < 0$，故为上斜直线）
BD	下斜直线，在 B 处由于支座反力 F_{RB} 的作用，B 截面有突变，突变与 F_{RB} 方向一致，向上突变，突变值为 20 kN，$Q_{B右} = Q_{C右} + F_{RB} = -12 + 20 = 8$ kN；$Q_D = 0$	描点 $M_D = 0$，由于 BD 段是均布荷载，且均布荷载向下，把 M_B 和 M_D 用下凸曲线相连

（4）描点连线绘制剪力图和弯矩图。

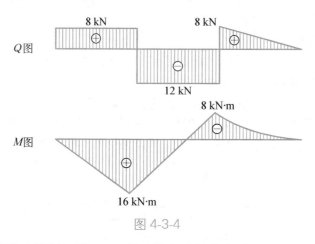

图 4-3-4

[**例 6**]　试用简捷法绘制如图 4-3-5 所示简支梁的内力图。

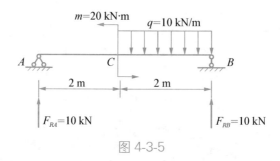

图 4-3-5

解: (1) 求支座反力。

由 $\sum M_B = 0$ $-F_{RA} \times 4 + 20 + 10 \times 2 \times 1 = 0$

得 $F_{RA} = 10 \text{ kN}(\uparrow)$

由 $\sum M_A = 0$ $20 - 10 \times 2 \times 3 + F_{RB} \times 4 = 0$

得 $F_{RB} = 10 \text{ kN}(\uparrow)$

(2) 根据口诀从左至右的顺序绘制剪力图。

A 截面:根据口诀"集中荷载有突变",由于 A 截面有支座反力 $\boldsymbol{F}_{RA}$ 作用,所以 A 截面有突变,支座反力 $\boldsymbol{F}_{RA}$ 向上,故突变向上,$Q_{A右} = F_{RA} = 10 \text{ kN}$;

AC 段:根据口诀"没有荷载水平线",整个 AC 段的 Q 图为一条水平线,$Q = 10 \text{ kN}$;

C 截面:根据口诀"集中力偶无影响",C 截面的 Q 值没有变化;

CB 段:根据口诀"均布荷载斜直线",均布荷载向下,Q 图为一下斜直线,C、B 两截面 Q 值之差等于均布荷载合力大小($2q = 20 \text{ kN}$),即 $Q_{B左} = Q_C - 20 = 10 - 20 = -10 \text{ kN}$;

B 截面:根据口诀"集中荷载有突变",由于 B 截面有支座反力 $\boldsymbol{F}_{RB}$ 作用,B 截面有突变,支座反力 $\boldsymbol{F}_{RA}$ 向上,即突变向上,$Q_B = Q_{B左} + F_{RB} = -10 + 10 = 0$,图形自行闭合,说明剪力图正确。

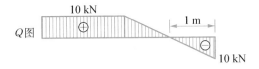

(3) 根据弯矩的计算规律,求控制截面 A,B,$C_{左}$,$C_{右}$ 的弯矩值。

$$\begin{cases} M_A = 0 \\ M_B = 0 \\ M_{C左} = +F_{RA} \times 2 = +10 \times 2 = +20 \text{ kN·m} \\ M_{C右} = F_{RA} \times 2 - m = 10 \times 2 - 20 = 0 \end{cases}$$

由于 CB 段(均布荷载作用区段)中出现 $F_Q = 0$ 截面,该截面(距 B 截面 1 m 处)的 M 值为极值,也是控制截面:

$$M'_{max} = -q \times 1 \times 0.5 + F_{RB} \times 1 = -10 \times 0.5 + 10 = 5 \text{ kN·m}$$

(4) 根据口诀,描点连线绘制弯矩图。

AC 段:"没有荷载斜直线",把 M_A 和 $M_{C左}$ 用直线相连;

C 截面:"集中力偶有突变",逆时针转向时,突变值为负,且突变值的大小等于集中力偶矩的大小,故 $M_{C右} = M_{C左} - m = 20 - 20 = 0$;

CB 段:"均布荷载抛物线",以 M'_{max} 为顶点,用曲线连接 $M_{C右}$ 和 M_B。

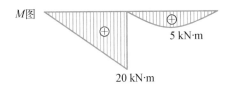

练一练

如图 4-3-6 所示一外伸梁,支座反力和控制截面弯矩值已经给出,请你根据简捷法画出该梁的剪力图和弯矩图。

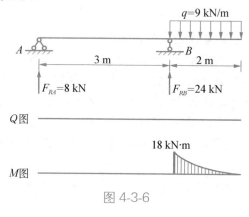

图 4-3-6

第四节 梁的正应力及其强度条件

剪力和弯矩是横截面上分布内力的合成结果,切应力 τ 对应的内力为剪力,正应力 σ 对应的内力为弯矩。

当梁的横截面上仅有弯矩而无剪力,即仅有正应力而无切应力的情况,称为纯弯曲(见图 4-4-1CD段)。横截面上同时存在弯矩和剪力,即既有正应力又有切应力的情况称为剪切弯曲。

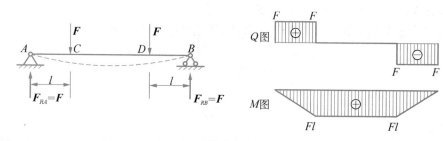

图 4-4-1

本节将重点讨论纯弯曲时梁横截面上的正应力。

1. 纯弯曲时的正应力

为了观察纯弯曲梁的变形情况,先在矩形截面梁上画上与轴线平行的纵线及与轴线垂直的横线,构成很多小矩形(如图 4-4-2(a)中所示的 $aabb$),然后在梁的两端各施加一个弯矩为 m 的外力偶,使梁发生纯弯曲,这时将观察到以下现象:

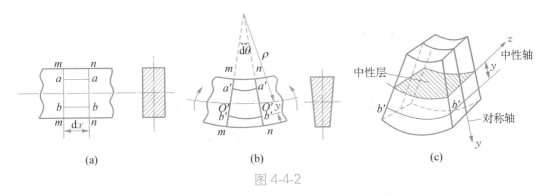

图 4-4-2

(1)所有纵线(aa、bb)都弯成曲线,靠近底面(凸边)的纵线($b'b'$)伸长了,而靠近顶面(凹边)的纵线($a'a'$)缩短了。

(2)所有横线仍保持为直线(ab),只是互相倾斜了一个角度,但仍与弯成曲线的纵线相垂直。

(3)矩形截面上部变宽,下部变窄。

根据上面观察到的现象,推测梁的内部变形,可作出如下的假设和推断。

(1)平面假设:在纯弯曲时,梁的横截面在梁弯曲后仍保持为平面,且仍垂直于弯曲后的梁轴线。

(2)单向受力假设:将梁看成是由无数根纵向纤维组成,各纤维只受到轴向拉伸和压缩,不存在相互挤压。

上部的纵线缩短、截面变宽,表示上部各根纤维受到压缩;下部的纵线伸长、截面变窄,表示下部各根纤维受拉伸。从上部各层纤维缩短到下部各层纤维伸长的连续变化中,必有一层纤维既不缩短也不伸长,这层纤维称为**中性层**。中性层与横截面的交线称为**中性轴**,如图 4-4-2 所示,经过理论分析可知:中性轴必定通过梁横截面的形心。

纯弯曲时梁横截面上的正应力计算公式:

$$\sigma = \frac{My}{I_z} \tag{4-5}$$

式(4-5)中:

M——横截面上的弯矩;

y——横截面上任一点到中性轴的距离;

I_z——截面对中性轴 z 的惯性矩,是只与截面的形状和尺寸有关的几何量。常用单位是 m^4 或 mm^4。(表 4-4-1)

由上式可知,当梁弯曲时,横截面上任一点处的正应力与该截面上的弯矩成正比,与惯

土木工程力学基础(少学时)

性矩成反比,并沿截面高度呈线性分布。

　　y 值相同的点,正应力相等;中性轴上各点的正应力为零。在中性轴的上、下两侧,一侧受拉,一侧受压。距中性轴越远,正应力越大,如图 4-4-3 所示。

　　当 $y = y_{\max}$ 时,弯曲正应力最大,其值为

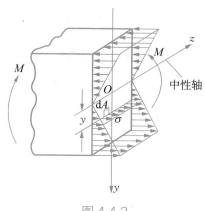

图 4-4-3

$$\sigma_{\max} = \frac{M y_{\max}}{I_z} = \frac{M}{W_z} \qquad (4\text{-}6)$$

式(4-6)中, $W_z = I_z / y_{\max}$ 称为**抗弯截面系数**,是一个与截面形状和尺寸有关的几何量,常用单位是 m^3 或 mm^3。(表 4-4-1)

表 4-4-1　简单截面的惯性矩和抗弯截面系数

图　形	形心位置	形心轴惯性矩	弯曲截面系数
矩形 $b \times h$	$y = \frac{1}{2}h$	$I_z = \frac{1}{12}bh^3$	$W_z = \frac{1}{6}bh^2$
圆形 D	圆心	$I_z = \frac{\pi}{64}D^4$	$W_z = \frac{\pi}{32}D^3$
圆环 D, d	圆心	$I_z = \frac{\pi}{64}(D^4 - d^4)$ $= \frac{\pi}{64}D^4(1 - a^4)$ $a = \frac{d}{D}$	$W_z = \frac{\pi}{32}D^3(1 - a^4)$ $a = \frac{d}{D}$

　　对于中性轴是截面对称轴的梁,最大拉应力和最大压应力相等,发生在截面的上下边缘(如:矩形、圆形和圆环形,如图 4-4-4(a)所示);对于中性轴不是截面对称轴的梁(如:T 形截面梁)在正弯矩作用下,梁下边缘产生最大拉应力,上边缘产生最大压应力(图 4-4-4(b));在负弯矩作用下,最大拉应力发生在梁的上边缘,最大压应力发生在梁的下边缘。

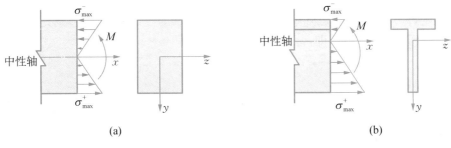

图 4-4-4

2. 梁的正应力强度条件

对于等截面梁,此时的最大正应力应发生在最大弯矩所在的截面(危险截面)上,故有:

$$\sigma_{\max} = \frac{M_{\max} \cdot y_{\max}}{I_z}$$

或

$$\sigma_{\max} = \frac{M_{\max}}{W_z} \tag{4-7}$$

其强度条件是:梁的最大正应力 $\sigma_{\max}$ 不超过材料的许用正应力 $[\sigma]$,即:

$$\sigma_{\max} \leqslant [\sigma] \tag{4-8}$$

在应用上述强度条件时,应注意下列问题:

(1)塑性材料。

塑性材料的强度条件为:

$$\sigma_{\max} = \frac{M_{\max}}{W_z} \leqslant [\sigma] \tag{4-9}$$

(2)脆性材料。

脆性材料的强度条件应为:

$$\sigma_{t,\max} = \frac{M_{\max} \cdot y_1}{I_z} \leqslant [\sigma_t] \tag{4-10}$$

$$\sigma_{c,\max} = \frac{M_{\max} \cdot y_2}{I_z} \leqslant [\sigma_c] \tag{4-11}$$

式(4-10)、(4-11)中,y_1 和 y_2 分别表示受拉与受压边缘到中性轴的距离。

根据强度条件,可解决有关强度方面的三类问题。

(1)强度校核:在已知梁的材料、横截面的形状、尺寸(即已知 $[\sigma]$、W_z)以及所受荷载(即已知 $M_{\max}$)的情况下,可以检查梁是否满足正应力强度条件。

(2)设计截面:当已知荷载和所用材料时(即已知 $M_{\max}$,$[\sigma]$),可根据强度条件,计算所需的抗弯截面系数:

$$W_z \geqslant \frac{M_{\max}}{[\sigma]}$$

土木工程力学基础(少学时)

然后根据梁的截面形状进一步确定截面的具体尺寸。

（3）确定许可荷载：如果已知梁的材料和截面尺寸（即已知$[\sigma]$，W_z），则先根据强度条件算出梁所能承受的最大弯矩，即：

$$M_{max} \leqslant W_z \cdot [\sigma]$$

然后由M_{max}与荷载间的关系计算出许可荷载。

［例7］ 一矩形截面木梁，其截面尺寸及所受荷载如图 4-4-5(a)所示，$q = 2 \text{ kN/m}$，已知$[\sigma] = 10 \text{ MPa}$，试校核梁的正应力强度。

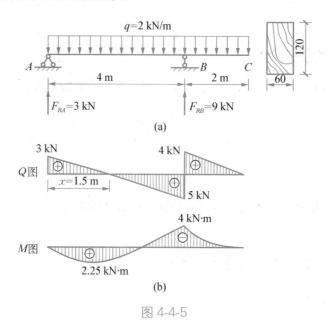

图 4-4-5

解：（1）计算支座反力。

由 $\sum M_A = 0$ $\qquad -2 \times 6 \times 3 + F_{RB} \times 4 = 0$

$$F_{RB} = 9 \text{ kN}(\uparrow)$$

由 $\sum M_B = 0$ $\qquad -F_{RA} \times 4 + 2 \times 4 \times 2 - 2 \times 2 \times 1 = 0$

$$F_{RA} = 3 \text{ kN}(\uparrow)$$

（2）画剪力图和弯矩图。

利用弯矩的计算规律求出控制截面 A，B，C 及 $x = 1.5 \text{ m}$ 处截面的弯矩。

$$\begin{cases} M_A = 0 \\ M_C = 0 \\ M_B = -2 \times 2 \times 1 = -4 \text{ kN} \cdot \text{m} \end{cases}$$

$$M'_{max} = 3 \times 1.5 - \frac{1}{2} \times 2 \times 1.5^2 = 2.25 \text{ kN} \cdot \text{m}$$

由此可知：$|M_{max}| = 4 \text{ kN} \cdot \text{m}$

正应力强度校核：

$$\sigma = \frac{M_{max}}{W_z} = \frac{4 \times 10^6}{\frac{60 \times 120^2}{6}} = 27.8 \text{ MPa} > [\sigma] = 10 \text{ MPa}$$

不满足正应力强度条件。

[**例 8**] 图 4-4-6 所示一悬臂梁,长 $l = 1$ m,在自由端作用有一荷载 $F_P = 20$ kN,已知 $[\sigma] = 140$ MPa,试选择一适当的工字钢型号。

解:(1)画弯矩图。

$$\begin{cases} M_B = 0 \\ M_A = -F_P \times l = -20 \times 1 = -20 \text{ kN} \cdot \text{m} \end{cases}$$

最大弯矩 $|M_{max}| = 20$ kN·m

(2)由强度条件 $\sigma = \frac{M_{max}}{W_z} \leqslant [\sigma]$,

得 $\quad W_z \geqslant \frac{|M|_{max}}{[\sigma]} = \frac{20 \times 10^3 \text{ N} \cdot \text{m}}{140 \times 10^6 \text{ N/m}^2}$

$\qquad = 143 \times 10^{-6} \text{ m}^3 = 143 \text{ cm}^3$

查型钢规格表,应选用 18 号工字钢,其 $W_z = 185 \text{ cm}^3$。

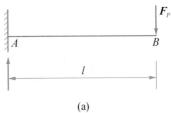

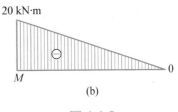

图 4-4-6

 想一想

如图 4-4-7 所示一矩形截面梁,其横截面尺寸为 $2a \times a$,跨度为 l,现比较将梁"立放"和"平放"时的最大正应力值。从结果中可知,梁如何放置承载力更大?

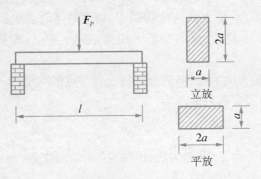

图 4-4-7

土木工程力学基础(少学时)

梁在外力作用下，会产生弯曲变形，如果弯曲变形过大，就会影响结构的正常工作。例如，梁的变形过大，会使下面的抹灰层开裂或脱落；桥梁的变形过大，在机车通过时会引起很大的振动等。

1. 梁的挠曲线

假设悬臂梁 AB 在其自由端 B 有一集中力 $\boldsymbol{F}$ 作用，如图 4-5-1 所示。弯曲变形前梁的轴线 AB 为一直线，选取直角坐标系，令 x 轴与梁变形前的轴线重合，y 轴竖直向上，则 xy 平面就是梁的纵向对称平面；变形后，在梁的纵向对称平面内梁的轴线 AB 变成一条连续光滑的曲线 AB'，此曲线称为梁的挠曲线，如图 4-5-1 所示。显然挠曲线是梁截面位置 x 的函数。

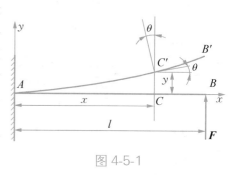

图 4-5-1

2. 挠度和转角

观察梁在 xy 平面内的弯曲变形，可以发现梁的各横截面都在该平面内发生了线位移。考查距左端距离为 x 处的任一截面，该截面的形心既有垂直方向的位移，又有水平方向的位移。但在小变形的前提下，水平方向的位移很小，可忽略不计，因而可以认为截面的形心只在垂直方向有线位移 CC'。这样，梁的变形可用梁轴线上一点（即横截面的形心）的线位移表示。

轴线上任一点在 y 轴方向的位移，即挠曲线上相应点的纵坐标，称为该截面的**挠度**，用 y 表示。这样，则梁的挠曲线方程可表示为：

$$y = y(x)$$

一般规定：挠度以向下为正，向上为负，单位为米（m）或毫米（mm）。

3. 梁的变形计算

梁的变形计算的基本方法是积分法，但积分法计算较繁琐，这里不作介绍。下面主要介绍常用的**叠加法**。

叠加原理：由 n 个荷载共同作用时所引起的某一参数（变形、反力、内力、应力）等于各荷载单独作用时所引起的该参数值的代数和。表 4-5-1 中列出了简单荷载单独作用下梁的变形，计算实际变形时，先从表中查出在简单荷载单独作用下梁的变形，最后计算各变形的代数和，即是实际荷载作用下的变形。

土木工程力学基础（少学时）

表 4-5-1　梁在简单荷载作用下的变形

序号	梁的简图	挠曲线方程	最大挠度
1		$y=\dfrac{F_P x^2}{6EI}(3l-x)$	$y_B=\dfrac{F_P l^3}{3EI}$
2		$y=\dfrac{F_P x^2}{6EI}(3a-x)$ $(0\leqslant x\leqslant a)$ $y=\dfrac{F_P a^2}{6EI}(3x-a)$ $(a\leqslant x\leqslant l)$	$y_B=\dfrac{F_P a^2}{6EI}(3l-a)$
3		$y=\dfrac{qx^2}{24EI}(x^2-4lx+6l^2)$	$y_B=\dfrac{ql^4}{8EI}$
4		$y=\dfrac{mx^2}{2EI}$	$y_B=\dfrac{ml^2}{2EI}$
5		$y=\dfrac{F_P x}{48EI}(3l^2-4x^2)$ $\left(0\leqslant x\leqslant\dfrac{1}{2}\right)$	$y_c=\dfrac{F_P l^3}{48EI}$
6		$y=\dfrac{F_P bx}{6lEI}(l^2-x^2-b^2)$ $(0\leqslant x\leqslant a)$ $y=\dfrac{F_P a(l-x)}{6lEI}(2lx-x^2-a^2)$ $(a\leqslant x\leqslant l)$	设 $a>b$ 在 $x=\sqrt{\dfrac{l^2-b^2}{3}}$ 处: $y_{max}=\dfrac{\sqrt{3}\,F_P b}{27lEI}(l^2-b^2)^{3/2}$ 在 $x=\dfrac{l}{2}$ 处: $y_{l/2}=\dfrac{F_P b}{48EI}(3l^2-4b^2)$

序号	梁的简图	挠曲线方程	最大挠度
7	⑦	$y = \dfrac{qx}{24EI}(l^3 - 2lx^2 + x^3)$	在 $x = \dfrac{l}{2}$ 处： $y_{max} = \dfrac{5ql^4}{384EI}$
8	⑧	$y = \dfrac{mx}{6lEI}(l-x)(2l-x)$	在 $x = \left(1 - \dfrac{1}{\sqrt{3}}\right)l$ 处： $y_{max} = \dfrac{ml^2}{9\sqrt{3}\,EI}$ 在 $x = \dfrac{l}{2}$ 处： $y_{l/2} = \dfrac{ml^2}{16EI}$
9	⑨	$y = \dfrac{mx}{6lEI}(l^2 - x^2)$	在 $x = l/\sqrt{3}$ 处： $y_{max} = \dfrac{ml^2}{9\sqrt{3}\,EI}$ 在 $x = \dfrac{l}{2}$ 处： $y_{l/2} = \dfrac{ml^2}{16EI}$
10	⑩	$y = -\dfrac{F_P a x}{6lEI}(l^2 - x^2)$ $(0 \leqslant x \leqslant l)$ $y = \dfrac{F_P(1-x)}{6TI}$ $\left[(x-l)^2 - 3ax + al\right]$ $[l \leqslant x \leqslant (l+a)]$	$y_c = \dfrac{F_P a^2}{3EI}(l+a)$
11	⑪	$y = -\dfrac{qa^2 x}{12lEI}(l^2 - x^2)$ $(0 \leqslant x \leqslant l)$ $y = \dfrac{q(x-l)}{24EI}\left[2a^2(3x-l)\right.$ $\left. + (x-l)^2 \cdot (x-l-4a)\right]$ $[l \leqslant x \leqslant (l+a)]$	$y_c = \dfrac{qa^3}{24EI}(4l+3a)$

土木工程力学基础（少学时）

序号	梁的简图	挠曲线方程	最大挠度
12	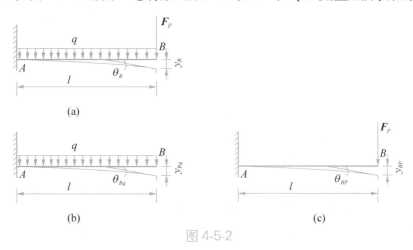	$y = -\dfrac{mx}{6lEI}(l^2 - x^2)$ $(0 \leqslant x \leqslant l)$ $y = \dfrac{m}{6EI}(3x^2 - 4xl + l^2)$ $[l \leqslant x \leqslant (l+a)]$	$y_c = \dfrac{ma}{6EI}(2l + 3a)$

表中　E——弹性模量，单位 MPa 或 GPa；

　　　$I(I_z、I_y)$——截面惯性矩（下脚标表示对应坐标轴），单位 mm⁴ 或 m⁴；

［例 9］ 如图 4-5-2(a)所示一悬臂梁，已知 E，I_z，l，$\boldsymbol{F}_P$，q，试用叠加法求梁的最大挠度。

图 4-5-2

解： 梁上的作用荷载分别为两种受力形式，如图 4-5-2(b)、(c)所示。从悬臂梁在荷载作用下自由端有最大变形可知，梁 B 端有最大挠度。查表 4-5-1 得到它们单独作用时产生的弯曲变形，然后叠加求代数和，得：

$$y_{\max} = y_{Bq} + y_{BP} = \frac{ql^4}{8EI_z} + \frac{Fl^3}{3EI_z}$$

4. 梁的刚度校核

计算梁的变形，目的在于对梁进行刚度计算，以保证梁在外力的作用下，因弯曲变形产生的挠度必须在工程允许的范围之内，即满足刚度条件：

$$y_{\max} \leqslant [y] \tag{4-13}$$

式(4-13)中 $[y]$ 为构件的许用挠度。对于各类受弯构件的 $[y]$ 可从工程手册中查到。

练一练

请直接在图 4-5-3 中画出不同形式的梁受到各种荷载作用时可能发生的挠曲线（即变形后的梁的纵轴线）。

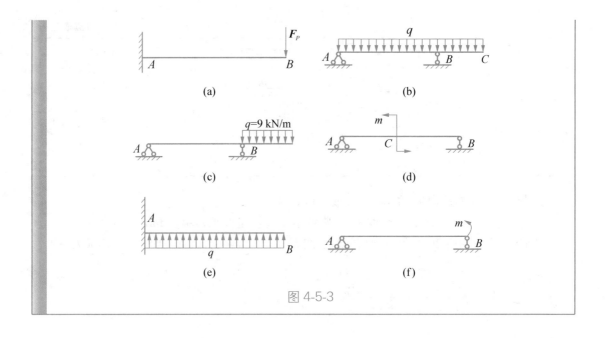

图 4-5-3

第六节　直梁弯曲在工程中的应用

如前所述,影响梁的弯曲强度的主要因素是弯曲正应力,而弯曲正应力的强度条件为

$$\sigma_{max} = \frac{M_{max}}{W_z} \leqslant [\sigma]$$

所以要提高梁的弯曲强度,应从如何降低梁内最大弯矩 M_{max} 的数值及提高弯曲截面系数 W_z 的数值着手。由表 4-5-1 可知,梁的变形大小与荷载成正比、与抗弯刚度成反比、梁的跨度对弯曲变形的影响最大。综合上述各因素,提高梁的抗弯强度和刚度,可采取以下措施:

(1) 合理安排梁的受力情况。

合理布置支座位置:

以简支梁受均布荷载作用为例,如图 4-6-1(a)所示,跨中截面的最大弯矩值 $M_{max} = \frac{1}{8}ql^2 =$

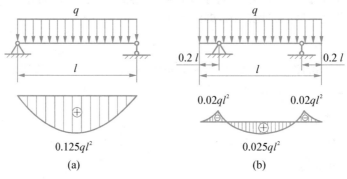

图 4-6-1

土木工程力学基础(少学时)

$0.125ql^2$；若将两端支座各向中间移动 $0.2l$，如图 4-6-1（b）所示，则最大弯矩值减小为 $M_{\max} = \dfrac{1}{40}ql^2 = 0.025ql^2$，仅是前者的 $1/5$，可以大大减少梁的截面尺寸。

（2）合理配置荷载。

将集中荷载分散布置，可以降低梁的最大弯矩。如图 4-6-2（a）所示一跨中受集中力作用的简支梁，其 $M_{\max} = \dfrac{1}{4}Fl$。若在梁上安装一根短梁，如图 4-6-2（b）所示，则 $M_{\max} = \dfrac{1}{8}Fl$，只有原来的 $1/2$。

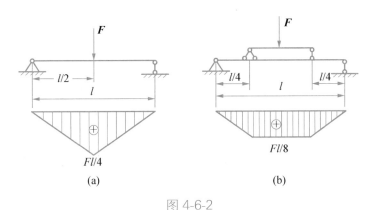

图 4-6-2

（3）合理选择梁的截面形状。

梁的强度和弯曲刚度都与梁截面的惯性矩有关，选择惯性矩较大的截面形状能有效提高梁的强度和刚度。

合理的截面应该是：用最小的截面面积（即用材料少），得到大的抗弯截面系数 W_z，在面积相同的情况下，工字形、槽形、T 形截面比矩形截面有更大的惯性矩，圆形截面的惯性矩最小。所以工程中常见的梁多为工字形、T 形等。表 4-6-1 所示为截面面积相同的几种截面的抗弯截面系数比较。

表 4-6-1　截面面积相同的几种截面抗弯截面系数比较

截面形式						
$\dfrac{W_z}{W_{z0}}$	5.58	2.59	2.24	1.45	1	0.97

注：①表中空心截面的壁厚相等，矩形截面取长边是短边的 1.5 倍计算。

　　②W_{z0} 是圆形截面的抗弯截面系数。

形状和面积相同的截面，采用不同的放置方式，则 W_z 值可能不相同。如图 4-6-3 所示矩形截面梁，竖放时抗弯截面系数大，$W_z = \dfrac{1}{12}bh^3$，承载能力强，不易弯曲（图 4-6-3（a））；平放时抗弯截面系数小，$W_z = \dfrac{1}{12}hb^3$ 承载能力差，易弯曲（图 4-6-3(b)）。

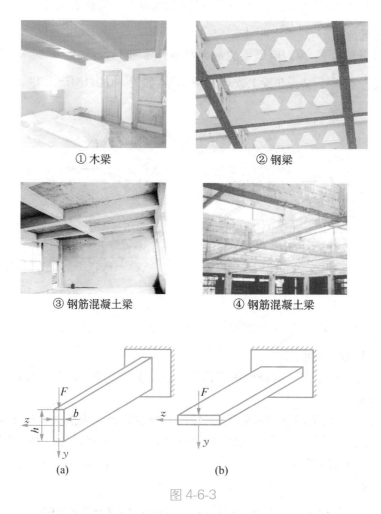

① 木梁   ② 钢梁

③ 钢筋混凝土梁   ④ 钢筋混凝土梁

图 4-6-3

（4）采用变截面梁。

对于等截面梁，除 M_{max} 所在截面的最大正应力达到材料的许用应力外，其余截面的应力均小于、甚至远小于许用应力。

为了节省材料、减轻结构的重量，可在弯矩较小处采用较小的截面，这种截面尺寸沿梁轴线变化的梁称为**变截面梁**。

若使变截面梁每个截面上的最大正应力都等于材料的许用应力，则这种梁称之为**等强度梁**。

从强度观点看，等强度梁是理想的，但由于截面变化，施工较困难，因此在工程上常采用形状较简单而接近等强度梁的变截面梁，例如：阳台和雨篷挑梁一般都采用变截面梁，如图 4-6-4 所示。

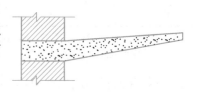

图 4-6-4

（5）动荷载对直梁弯曲的影响。

桥式起重机是横架于车间、仓库和料场上空进行物料吊运的起重设备。由于它可以充分利用桥架下面的空间吊运物料，不受地面设备的阻碍。因此，它也是目前使用范围最广、数量最多的一种起重机械，如图4-6-5所示。

如果桥式起重机的驾驶员未遵守操作规程，在吊运重物时，超速行驶并突然急刹车，会导致吊索断裂、吊车梁受损、人员伤亡的恶性事故。之所以会产生如此严重的后果，是由于：横向小车在超速前行并突然急刹车时，使所吊重物发生激烈摆动，吊索以及吊车梁受到了巨大的冲击荷载作用，因而导致吊索

图 4-6-5

受拉超限断裂，而吊车梁受弯损坏。可见，在进行施工的过程中，必须严格遵守操作规程，不得在垂直、水平吊运时紧急刹车或突然加速，避免造成人为事故。

想一想

请指出图 4-6-5 所示工程实例中分别采用了哪种提高构件弯曲强度的方法？

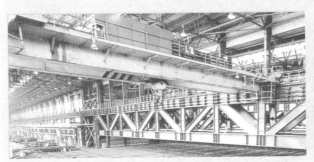

桥式吊车

油罐车

鱼腹式吊车

图 4-6-5

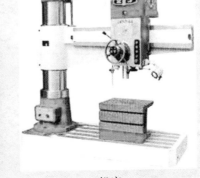

机床

一、剪力和弯矩的正负号规定

平面弯曲时,梁横截面上有两个内力分量——剪力 Q 和弯矩 M。

1. 剪力:使所考虑梁段有顺时针方向转动趋势时为正;反之为负;

2. 弯矩:使所考虑梁段产生下凸变形时为正;反之为负。

二、计算截面内力的方法

1. 截面法计算内力:假设将梁在指定截面处截开后,画出脱离体的受力图,列出静力平衡方程求解内力。

2. 运用剪力和弯矩的规律直接由外力来确定截面上内力的大小和正负。

三、画剪力图和弯矩图的方法

1. 建立剪力和弯矩方程,根据方程画内力图。

2. 采用简捷法画内力图。

四、梁的正应力强度条件

1. 强度条件: $\sigma = \dfrac{M_{\max}}{W_z} \leqslant [\sigma]$ 。

2. 截面抗弯系数: $W_z = \dfrac{I_z}{y_{\max}}$ 。

对常用截面,如:矩形、圆形的截面抗弯系数,应熟练掌握。

五、提高梁弯曲强度的措施

提高梁弯曲强度的措施是根据正应力强度提出的。第一是降低最大弯矩值,第二是选择合理截面。

第五章
受压构件的稳定性

　　早在 18 世纪中叶,欧拉就提出《关于稳定的理论》但是这一理论当时没有受到人们的重视,没有在工程中得到应用。原因是当时常用的工程材料是铸铁、砖石等脆性材料。这些材料不易制成细长压杆,薄板和薄壳。随着冶金工业和钢铁工业的发展,细长杆和薄板开始得到应用。19 世纪末 20 世纪初,欧美各国相继兴建一些大型工程,由于工程师们在设计时,忽略杆件体系或杆件本身的稳定问题而造成许多严重的工程事故。

　　19 世纪末,瑞士的孟希太因大桥的桁架结构,由于双机车牵引列车超载导致受压弦杆失稳使桥梁破坏,造成 200 人受难。弦杆失稳往往使整个工程或结构突然坍塌,危害严重,由于工程事故不断发生,才使工程师们回想起欧拉在一百多年前所提出的稳定理论。从此压杆稳定问题才在工程中得到高度重视。

　　通过本章的学习,我们将会了解受压构件的平衡状态、影响因素等问题。

新闻中的力学故事

在建机场引桥垮塌

2010年1月3日，某市新机场配套引桥工程在混凝土浇筑施工中支架突然发生垮塌。垮塌长度约38 m，宽约13 m。事故发生时正值午饭结束下午班次交接后，工段施工人员陆续进入作业面开始混凝土浇筑施工，4对混凝土箱梁浇筑临近结束，桥下支撑体系突然失稳，8 m高的桥面随即垮塌下来，当时正在桥面作业施工的有41名施工人员：轻伤26人，重伤8人，死亡7人。

经过调查后发现，事故的直接原因是由于支架架体构造有缺陷，支架的安装违反规范，所用的钢管扣件有质量问题，并采用了从箱梁高处向低处浇筑混凝土的违规方式，从而导致架体右上角翼板支架局部失稳，牵连架体整体坍塌。

图 5-0-1

在实际工程中发现,许多细长的轴向受压杆件是在满足了强度条件 $\sigma = \dfrac{F_N}{A} \leqslant [\sigma]$ 之前发生破坏。例如,一根长 300 mm 的钢制直杆(锯条),其横截面的宽度为 11 mm 和厚度为 0.6 mm,材料的抗压许用应力为 170 MPa,如果按照其抗压强度计算,其抗压承载力应为 1122 N。但是事实上,当承受约 4 N 的轴向压力时,直杆就发生了明显的弯曲变形,丧失了其在直线形状下保持平衡的能力从而导致破坏。

这种细长受压杆的突然破坏,就其性质而言,与强度问题完全不同。经研究后发现,它是由于杆件丧失了保持直线形状的平衡而造成的,这类破坏称为丧失稳定。杆件产生丧失稳定破坏的压力比发生强度不足破坏的压力要小得多,因此,对细长压杆必须进行稳定性的计算。

为了说明"丧失稳定"的实质,需要了解杆件平衡状态时的稳定性。对图 5-1-1 所示小球的三种平衡状态作比较,对平衡状态的稳定性加以说明。小球在 A,B,C 三个位置虽然都可以保持平衡,但这些平衡状态对干扰的抵抗能力不同。当小球在曲面槽 A 位置保持平衡时,这时若有一微小干扰力,会使小球离开 A 位置;而当干扰力消失时,小球能回到原来的位置,继续在 A 处保持平衡,小球在 A 处的平衡状态称**稳定的平衡状态**。当小球在凸面顶处 B 处保持平衡,当它受到干扰后,会沿曲面滚下去,无法达到平衡状态了,小球在 B 处的平衡状态称为**不稳定的平衡状态**。小球在 C 处的平衡,若受到干扰,小球既不会回到原来的位置,也不会继续滚动,而是在新的位置保持了新的平衡,小球在 C 处的平衡状态称为**临界平衡状态**。

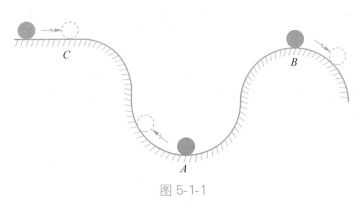

图 5-1-1

如图 5-1-2(a)所示一等直细长杆,在其两端施加轴向压力 F,使杆在直线形状下处于平衡。此时,如果对杆件施加微小的侧向干扰力,使杆发生微小的弯曲,然后撤去干扰力,则当杆承受的轴向压力数值不同时,其结果也截然不同。当杆承受的轴向压力数值 F 小于某一数值 F_{cr} 时,在撤去干扰力以后,杆能自动恢复到原有的直线平衡状态而保持平衡,如图 5-1-2(b)所示,这种能保持原有的直线状态的平衡称为**稳定的平衡状态**;当杆承受的轴向压力数值 F 逐渐增大到(甚至超过)某一数值 F_{cr} 时,即使撤去干扰力,杆仍然处于微弯形状,不能自动恢复到原有的直线平衡状态,这种状态称为**临界平衡状态**,此时的轴向力 F_{cr} 称为临界力;但轴向压力超过 F_{cr} 后,在干扰力的作用下,压杆的微弯曲将会继续增大,产生显著的变形,甚至会弯曲折断,此时的状态称为**不稳定的平衡状态**,如图 5-1-2(c)所示。

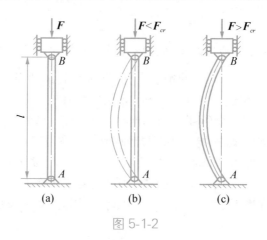

图 5-1-2

上述现象表明:在轴向压力 F 由小逐渐增大的过程中,压杆由稳定的平衡状态转变为不稳定的平衡状态,这种现象称为压杆丧失稳定性或者**压杆失稳**。显然压杆是否失稳取决于轴向压力的数值,压杆由直线形状的稳定平衡过渡到不稳定的平衡时所对应的轴向压力,称为压杆的**临界压力或临界力**,用 F_{cr} 表示。当压杆所受的轴向压力 F 小于临界力 F_{cr} 时,杆件就能够保持稳定的平衡,这种性能称为压杆具有**稳定性**;而当压杆所受的轴向压力 F 等于或者大于 F_{cr} 时,杆件将发生**失稳**。

 练一练

1. 请准备一张 A4 打印纸和一瓶胶水,制作一个高 30 cm 的柱子,自定义平面形状,看看谁的柱子能承担更多的重物,并讨论一下柱子的承载力与截面形状有什么关系?

2. 用报纸做纸桥。要求:(1)桥长大于 40 cm;(2)桥面宽度大于 5 cm;(3)跨度 10 cm,桥底至地面距离 10 cm,即底下可通过 10 cm×10 cm×10 cm 的立方体;(4)只可用 5 张报纸和一小瓶胶水。

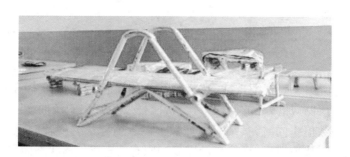

第二节　细长压杆临界力公式——欧拉公式

1. 欧拉公式

　　压杆的临界力大小可以由实验测试或理论推导得到,临界力的大小与压杆的长度、截面形状和尺寸、材料以及两端的支承情况有关。

　　不同约束条件下,细长压杆临界力公式——欧拉公式为

$$F_{cr} = \frac{\pi^2 EI}{(\mu l)^2} \tag{5-1}$$

式(5-1)中:

　　π——圆周率;

　　E——材料的弹性模量;

　　$I(I_{\min})$——杆件横截面的最小形心主惯性矩。当杆端在各方向的支承情况相同时,压杆总是在抗弯刚度最小的纵向平面内失稳,所以应取截面的最小形心主惯性矩。

　　l——杆件的长度;

　　μ——长度系数,不同杆端支承情况下的长度系数 μ 值列于表5-2-1中。

　　上述公式也可以通过建立临界平衡状态时压杆的弯曲挠曲线微分方程证明,这是由科学家欧拉首先完成的,所以式(5-1)称为计算临界力的**欧拉公式**。

表 5-2-1　压杆长度系数 μ

支承情况	两端铰支	一端固定一端铰支	两端固定	一端固定一端自由
μ 值	1.0	0.7	0.5	2

支承情况	两端铰支	一端固定一端铰支	两端固定	一端固定一端自由
挠曲线形状				

2. 临界应力和柔度

在临界力作用下,压杆横截面上的平均正应力称为压杆的临界应力,用 σ_{cr} 表示,即

$$\sigma_{cr} = \frac{F_{cr}}{A} \tag{5-2}$$

将式(5-1)代入上式,得

$$\sigma_{cr} = \frac{\pi^2 EI}{(\mu l)^2 A} \tag{5-3}$$

若将压杆的惯性矩 I 写成

$$I = i^2 A \text{ 或 } i = \sqrt{\frac{I}{A}} \tag{5-4}$$

式(5-4)中 i 称为压杆横截面的**惯性半径**。

于是临界应力可写为

$$\sigma_{cr} = \frac{\pi^2 E i^2}{(\mu l)^2} = \frac{\pi^2 E}{\left(\dfrac{\mu l}{i}\right)^2}$$

令 $\lambda = \dfrac{\mu l}{i}$,则

$$\sigma_{cr} = \frac{\pi^2 E}{\lambda^2} \tag{5-5}$$

上式为计算压杆临界应力的欧拉公式,式中 λ 称为压杆的柔度(或称长细比)。则:

$$\lambda = \frac{\mu l}{i} \tag{5-6}$$

柔度 λ 是一个无量纲的量,其大小与压杆的长度系数 μ、杆长 l 及惯性半径 i 有关。由于压杆的长度系数 μ 决定了压杆的支承情况,惯性半径 i 决定了截面的形状与尺寸,所以,从物理意义上看,柔度 λ 综合地反映了压杆的长度、截面的形状与尺寸以及支承情况对临界力的影响。

土木工程力学基础(少学时)

从式(5-5)还可以看出,如果压杆的柔度值越大,则其临界应力越小,压杆就越容易失稳。

3. 欧拉公式的适用范围

欧拉公式是根据挠曲线近似微分方程导出的,而应用此微分方程时,材料必须服从胡克定理。因此,欧拉公式的适用范围应当是压杆的临界应力 σ_{cr} 不超过材料的比例极限 σ_P,即:

$$\sigma_{cr} = \frac{\pi^2 E}{\lambda^2} \leqslant \sigma_P$$

有

$$\lambda_P \geqslant \pi \sqrt{\frac{E}{\sigma_P}}$$

若设 λ_P 为压杆的临界应力达到材料的比例极限时的柔度值,即

$$\lambda_P = \pi \sqrt{\frac{E}{\sigma_P}} \tag{5-7}$$

则欧拉公式的适用范围为

$$\lambda \geqslant \lambda_P \tag{5-8}$$

上式表明,当压杆的柔度不小于 λ_P 时,才可以应用欧拉公式计算临界力或临界应力。这类压杆称为**细长杆**,欧拉公式只适用于细长杆。从式(5-7)可知,λ_P 的值取决于材料性质,不同的材料都有自己的 E 值和 σ_p 值。所以,不同材料制成的压杆,其 λ_P 也不同,例如:Q235 钢,$\sigma_p = 200\ \text{MPa}$,$E = 200\ \text{GPa}$,由(5-7)即可求得,$\lambda_P = 100$。所以,Q235 钢制成的压杆,只有在 $\lambda \geqslant 100$ 时才可以应用欧拉公式。

 想一想

如图 5-2-1 所示四根细长压杆,材料、截面均相同,请比较一下,哪一种临界力最大?哪一种临界力最小?

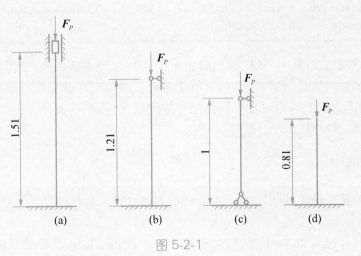

图 5-2-1

土木工程力学基础(少学时)

第三节　压杆的稳定计算

1. 压杆的稳定条件

压杆的稳定条件为

$$\sigma = \frac{F}{A} \leqslant \varphi[\sigma] \qquad (5\text{-}9)$$

$[\sigma]$——强度许用应力；

φ——折减系数，与柔度 λ 有关，见表 5-2-2。

F——轴向压力；

A——杆件横截面面积。

表 5-2-2　折减系数表

λ	φ			λ	φ		
	Q235 钢	16 锰钢	木材		Q235 钢	16 锰钢	木材
0	1.000	1.000	1.000	110	0.536	0.384	0.248
10	0.995	0.993	0.971	120	0.466	0.325	0.208
20	0.981	0.973	0.932	130	0.401	0.279	0.178
30	0.958	0.940	0.883	140	0.349	0.242	0.153
40	0.927	0.895	0.822	150	0.306	0.213	0.133
50	0.888	0.840	0.751	160	0.272	0.188	0.117
60	0.842	0.776	0.668	170	0.243	0.168	0.104
70	0.789	0.705	0.575	180	0.218	0.151	0.093
80	0.731	0.627	0.470	190	0.197	0.136	0.083
90	0.669	0.546	0.370	200	0.180	0.124	0.075
100	0.604	0.462	0.300				

应当指出，在稳定计算中，压杆的横截面面积 A 均采用毛截面面积计算，即当压杆在局部有横截面削弱（如：钻孔、开口等）时，可不予考虑。因为压杆的稳定性取决于整个杆件的弯曲刚度，而局部的截面削弱对整个杆件的整体刚度来说，影响甚微。但是，对截面的削弱处，则应当进行强度验算。

2. 稳定计算

应用压杆的稳定条件，可以进行三个方面的问题计算：

（1）稳定校核。

已知压杆的几何尺寸、所用材料、支承条件以及承受的压力，验算是否满足公式（5-9）的稳定条件。

土木工程力学基础（少学时）

这类问题,一般应首先计算出压杆的柔度 λ,根据 λ 查出相应的折减系数 φ,再按照公式(5-9)进行校核。

(2) 确定许用荷载。

已知压杆的几何尺寸、所用材料及支承条件,按稳定条件计算其能够承受的许用荷载 F 值。

这类问题,一般也要首先计算出压杆的柔度 λ,根据 λ 查出相应的折减系数 φ,再按照下式(5-10)进行计算。

$$F \leqslant A\varphi[\sigma] \tag{5-10}$$

(3) 进行截面设计。

已知压杆的长度、所用材料、支承条件以及承受的压力 F,按照稳定条件计算压杆所需的截面尺寸。

这类问题,一般采用"试算法"。这是因为在稳定条件中,折减系数 φ 是根据压杆的柔度 λ 查表得到的,而在压杆的截面尺寸尚未确定之前,压杆的柔度 λ 不能确定,所以也就不能确定折减系数 φ。因此,只能采用试算法。首先假定一个折减系数 φ 值(0 与 1 之间一般采用0.45),由稳定条件计算所需要的截面面积 A,然后计算出压杆的柔度 λ,根据压杆的柔度 λ 查表得到折减系数 φ,再按照公式(5-9)验算是否满足稳定条件。如果不满足稳定条件,则应重新假定折减系数 φ 值,重复上述过程,直到满足稳定条件为止。

[**例 1**] 一钢管支柱长 $l = 2.2$ m,两端铰支。外径 $D = 102$ mm,内径 $d = 86$ mm,材料为 Q235 钢,许用压应力 $[\sigma] = 170$ MPa。已知承受轴向压力 $F = 300$ kN,试校核该支柱的稳定性。

解:支柱两端铰支,故 $\mu = 1$,钢管截面惯性矩

$$I = \frac{\pi}{64}(D^4 - d^4) = \frac{\pi}{64}(102^4 - 86^4) = 262 \times 10^4 \text{ mm}^4$$

截面面积 $A = \dfrac{\pi}{4}(D^2 - d^2) = \dfrac{\pi}{4}(102^2 - 86^2) = 23.6 \times 10^2 \text{ mm}^2$

惯性半径 $i = \sqrt{\dfrac{I}{A}} = \sqrt{\dfrac{262 \times 10^4}{23.6 \times 10^2}} = 33.3$ mm

柔度 $\lambda = \dfrac{\mu l}{i} = \dfrac{1 \times 2200}{33.3} = 66$

由表 5-2 查出:$\lambda = 60$,$\varphi = 0.842$;$\lambda = 70$,$\varphi = 0.789$。

用直线插入法确定 $\lambda = 66$ 时的 φ

$$\varphi = 0.842 - \frac{66 - 60}{70 - 60}(0.842 - 0.789) = 0.842 - 0.032 = 0.81$$

校核稳定性

$$\sigma = \frac{F}{A} = \frac{300 \times 10^3}{23.6 \times 10^2} = 127.1 \text{ MPa} < \varphi[\sigma] = 0.81 \times 170 = 137.7 \text{ MPa}$$

由于 $\sigma < \varphi[\sigma]$,故支柱满足稳定条件。

土木工程力学基础(少学时)

[**例2**]　如图 5-3-1 所示构架由两根直径相同的圆杆构成,杆的材料为 Q235 钢,直径 $d = 20\,\text{mm}$,材料的许用应力 $[\sigma] = 170\,\text{MPa}$。已知 $h = 0.4\,\text{m}$,作用力 $F = 15\,\text{kN}$。试在计算平面内校核二杆的稳定。

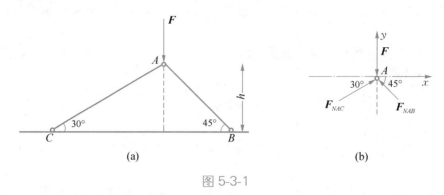

图 5-3-1

解:(1) 计算各杆承受的压力。

取结点 A 为研究对象,根据平衡条件列方程

$$\sum F_x = 0, \ -F_{NAB} \cdot \cos 45° + F_{NAC} \cdot \cos 30° = 0 \tag{a}$$

$$\sum F_y = 0, \ F_{NAB} \cdot \sin 45° + F_{NAC} \cdot \sin 30° - F = 0 \tag{b}$$

联立(a),(b)解得二杆承受的压力分别为

$$AB \text{ 杆} \quad F_{NAB} = 0.896F = 13.44\,\text{kN}$$

$$AC \text{ 杆} \quad F_{NAC} = 0.732F = 10.98\,\text{kN}$$

(2) 计算二杆的柔度。

各杆的长度分别为

$$l_{AB} = \sqrt{2}h = \sqrt{2} \times 0.4 = 0.566\,\text{m}$$

$$l_{AC} = 2h = 2 \times 0.4 = 0.8\,\text{m}$$

则二杆的柔度分别为

$$\lambda_{AB} = \frac{\mu l_{AB}}{i} = \frac{\mu l_{AB}}{\dfrac{d}{4}} = \frac{4 \times 1 \times 0.566}{0.02} = 113$$

$$\lambda_{AC} = \frac{\mu l_{AC}}{i} = \frac{\mu l_{AC}}{\dfrac{d}{4}} = \frac{4 \times 1 \times 0.8}{0.02} = 160$$

(3) 根据柔度查折减系数得:

$$\varphi_{AB} = \varphi_{113} = \varphi_{110} - \frac{\varphi_{110} - \varphi_{120}}{10} \times 3 = 0.515, \ \varphi_{AC} = 0.272$$

(4) 按照稳定条件进行验算。

土木工程力学基础(少学时)

$$AB\ 杆 \quad \sigma_{AB} = \frac{F_{NAB}}{A\varphi_{AB}} = \frac{13.44 \times 10^3}{\pi\left(\dfrac{0.02}{2}\right)^2 \times 0.515} = 83 \times 10^6\ \text{Pa} = 83\ \text{MPa} < [\sigma]$$

$$AC\ 杆 \quad \sigma_{AC} = \frac{F_{NAC}}{A\varphi_{AC}} = \frac{10.98 \times 10^3}{\pi\left(\dfrac{0.02}{2}\right)^2 \times 0.272} = 128 \times 10^6\ \text{Pa} = 128\ \text{MPa} < [\sigma]$$

因此，二杆都满足稳定条件，结构稳定。

练一练

一圆截面细长柱，$l = 3.5\ \text{m}$，直径 $d = 200\ \text{mm}$，材料弹性模量 $E = 10\ \text{GPa}$，若（1）两端铰支；（2）一端固定、一端自由。试求木柱的临界力和临界应力。

第四节　提高压杆稳定的措施

要提高压杆的稳定性，关键在于提高压杆的临界力或临界应力。而压杆的临界力和临界应力，与压杆的长度、横截面形状及大小、支承条件以及压杆所用材料等有关。因此，可以从以下几个方面考虑：

（1）合理选择材料。

欧拉公式告诉我们，大柔度杆件的临界应力，与材料的弹性模量成正比。所以选择弹性模量较高的材料，就可以提高大柔度杆件的临界应力，也就提高了其稳定性。但是，对于钢材而言，各种钢的弹性模量大致相同，因此，选用高强度钢并不能明显提高大柔度杆件的稳定性。而中粗杆的临界应力则与材料的强度有关，采用高强度钢材，可以提高这类压杆抵抗失稳的能力。

（2）选择合理的截面形状。

增大截面的惯性矩，可以增大截面的惯性半径，降低压杆的柔度，从而提高压杆的稳定性。在压杆横截面面积相同的条件下，应尽可能使材料远离截面形心轴，以取得较大的轴惯性矩。从这个角度出发，空心截面要比实心截面合理，如图 5-4-1 所示。在实际工程中，如果

土木工程力学基础（少学时）

压杆的截面是用两根槽钢组成的,则应采用如图 5-4-2 所示的布置方式,可以取得较大的惯性矩或惯性半径。

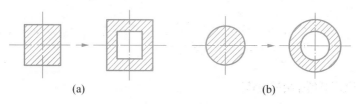

(a)   (b)

图 5-4-1

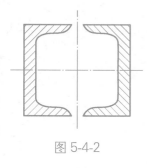

图 5-4-2

另外,由于压杆总是在柔度较大(临界力较小)的纵向平面内首先失稳,所以应注意尽可能使压杆在各个纵向平面内的柔度都相同,以充分发挥压杆的稳定承载力。

(3) 改善约束条件、减小压杆长度。

根据欧拉公式可知,压杆的临界力与其计算长度的平方成反比,而压杆的计算长度又与其约束条件有关。因此,改善约束条件可以减小压杆的长度系数,使计算长度减小,从而增大临界力。在相同条件下,从表 5-1 可知,自由支座最不利,铰支座次之,固定支座最有利。

减小压杆长度的另一方法是在压杆的中间增加支承,从而减小杆件的计算长度。

本章小结

一、平衡状态的稳定性

1. 稳定平衡:当工作压力小于临界力时,压杆能保持原来的平衡状态。

2. 临界平衡:当工作压力等于临界力时,压杆在微弯状态下保持新的平衡状态。

3. 不稳定平衡:当工作压力大于临界力时,压杆不能保持原来的平衡状态。

二、临界力

1. 当 $\lambda \geqslant \lambda_C$ 时,压杆为细长杆,可用欧拉公式计算临界力及临界应力。其计算公式:

$$F_{cr} = \frac{\pi^2 EI}{(\mu l)^2}, \quad \sigma_{cr} = \frac{\pi^2 E}{\lambda^2}。$$

2. 当 $\lambda < \lambda_C$ 时,压杆为中长杆,可用经验公式计算临界力及临界应力。其计算公式:

$$\sigma_{cr} = \sigma_s \left[1 - \alpha \left(\frac{\lambda}{\lambda_c} \right)^2 \right], \quad F_{cr} = \sigma_{cr} A。$$

三、柔度

1. 柔度 λ 是压杆的长度、支承情况、截面形状与尺寸等因素的一个综合值,$\lambda = \dfrac{\mu l}{i}$($i$ 为惯性半径 $i = \sqrt{\dfrac{I}{A}}$)。

2. 柔度 λ 是稳定性计算中的重要几何参数,有关压杆的稳定计算都要先算出 λ。

3. 压杆总是在柔度大的平面内首先失稳。当压杆两端支承情况各方向相同时,计算最小形心主惯性矩 I_{min},求得最小惯性半径 i_{min},再求出 λ_{max}。当压杆两个方向的支承情况不同时,则要比较两个方向的柔度值,取大者进行计算。

四、压杆稳定的实用计算

用 φ 系数法的压稳条件为：$\sigma = \dfrac{F}{A} \leqslant \varphi[\sigma]$ 或 $\sigma = \dfrac{F}{A\varphi} \leqslant [\sigma]$。

根据压稳条件有三方面的计算,它们分别为：(1)压稳校核；(2)计算许可荷载；(3)设计压杆的截面尺寸(用逐步逼近法)。

在压杆截面有局部削弱时,稳定计算可不考虑削弱,但必须同时对削弱的截面(用净面积)进行强度校核。

附录　型钢表

1. 热轧等边角钢(GB 9787—88)

符号意义:
b——边宽;
d——边厚;
r——内圆弧半径;
r_1——边端内弧半径;
I——惯性矩;
i——惯性半径;
W——截面系数;
z_0——重心距离。

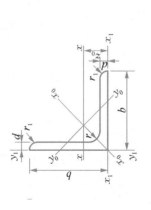

角钢号数	尺寸/mm b	d	r	截面面积 /cm²	理论重量 /(kg/m)	外表面积 /(m²/m)	$x-x$ I_x /cm⁴	i_x /cm	W_x /cm³	x_0-x_0 I_{x0} /cm⁴	i_{x0} /cm	W_{x0} /cm³	y_0-y_0 I_{y0} /cm⁴	i_{y0} /cm	W_{y0} /cm³	x_1-x_1 I_{x1} /cm⁴	z_0 /cm
4.0	40	3	5	2.359	1.852	0.157	3.59	1.23	1.23	5.69	1.55	2.01	1.49	0.79	0.96	6.41	1.09
		4		3.086	2.422	0.157	4.60	1.22	1.60	7.29	1.54	2.58	1.91	0.79	1.19	8.56	1.13
		5		3.791	2.976	0.156	5.53	1.21	1.96	8.76	1.52	3.10	2.30	0.78	1.39	10.74	1.17
4.5	45	3	5	2.659	2.088	0.177	5.17	1.40	1.58	8.20	1.76	2.58	2.14	0.90	1.24	9.12	1.22
		4		3.486	2.736	0.177	6.65	1.38	2.05	10.56	1.74	3.32	2.75	0.89	1.54	12.18	1.26
		5		4.292	3.369	0.176	8.04	1.37	2.51	12.74	1.72	4.00	3.33	0.88	1.81	15.25	1.30
		6		5.076	3.985	0.176	9.33	1.36	2.95	14.76	1.70	4.64	3.89	0.88	2.06	18.36	1.33

(续表)

角钢号数	b	d	r	截面面积/cm²	理论重量/(kg/m)	外表面积/(m²/m)	I_x/cm⁴	i_x/cm	W_x/cm³	I_{x0}/cm⁴	i_{x0}/cm	W_{x0}/cm³	I_{y0}/cm⁴	i_{y0}/cm	W_{y0}/cm³	I_{x1}/cm⁴	z_0/cm
							$x-x$			x_0-x_0			y_0-y_0			x_1-x_1	
5	50	3	5.5	2.971	2.332	0.197	7.18	1.55	1.96	11.37	1.96	3.22	2.98	1.00	1.57	12.50	1.34
		4		3.897	3.059	0.197	9.26	1.54	2.56	14.70	1.94	4.16	3.82	0.99	1.96	16.69	1.38
		5		4.803	3.770	0.196	11.21	1.53	3.13	17.79	1.92	5.03	4.64	0.98	2.31	20.90	1.42
		6		5.688	4.465	0.196	13.05	1.52	3.68	20.68	1.91	5.85	5.42	0.98	2.63	25.14	1.46
5.6	56	3	6	3.343	2.624	0.221	10.19	1.75	2.48	16.14	2.20	4.08	4.24	1.13	2.02	17.56	1.48
		4		4.390	3.446	0.220	13.18	1.73	3.24	20.92	2.18	5.28	5.46	1.11	2.52	23.43	1.53
		5		5.415	4.251	0.220	16.02	1.72	3.97	25.42	2.17	6.42	6.61	1.10	2.98	29.33	1.57
		8		8.367	6.568	0.219	23.63	1.68	6.03	37.37	2.11	9.44	9.89	1.09	4.16	47.24	1.68
6.3	63	4	7	4.978	3.907	0.248	19.03	1.96	4.13	30.17	2.46	6.78	7.89	1.26	3.29	33.33	1.70
		5		6.143	4.822	0.248	23.17	1.94	5.08	36.77	2.45	8.25	9.57	1.25	3.90	41.73	1.74
		6		7.288	5.721	0.247	27.12	1.93	6.00	43.03	2.43	9.66	11.20	1.24	4.46	50.14	1.78
		8		9.515	7.469	0.247	34.46	1.90	7.75	54.56	2.40	12.25	14.33	1.23	5.47	67.11	1.85
		10		11.657	9.151	0.246	41.09	1.88	9.39	64.85	2.36	14.56	17.33	1.22	6.36	84.31	1.93
7	70	4	8	5.570	4.372	0.275	26.39	2.18	5.14	41.80	2.74	8.44	10.99	1.40	4.17	45.74	1.86
		5		6.875	5.397	0.275	32.21	2.16	6.32	51.08	2.73	10.32	13.34	1.39	4.95	57.21	1.91
		6		8.160	6.406	0.275	37.77	2.15	7.48	59.93	2.71	12.11	15.61	1.38	5.67	68.73	1.95
		7		9.424	7.398	0.275	43.09	2.14	8.59	68.35	2.69	13.81	17.82	1.38	6.34	80.29	1.99
		8		10.667	8.373	0.274	48.17	2.12	9.68	76.37	2.68	15.43	19.98	1.37	6.98	91.92	2.03

参 考 数 值

尺寸/mm

土木工程力学基础(少学时)

| 角钢号数 | 尺寸/mm | | | 截面面积/cm² | 理论重量/(kg/m) | 外表面积/(m²/m) | 参 考 数 值 | | | | | | | | | | |
| | b | d | r | | | | x-x | | | x₀-x₀ | | | y₀-y₀ | | | x₁-x₁ | z₀/cm |
							I_x/cm⁴	i_x/cm	W_x/cm³	I_{x0}/cm⁴	i_{x0}/cm	W_{x0}/cm³	I_{y0}/cm⁴	i_{y0}/cm	W_{y0}/cm³	I_{x1}/cm⁴	
7.5	75	5	9	7.367	5.818	0.295	39.97	2.33	7.32	63.30	2.92	11.94	16.63	1.50	5.77	70.56	2.04
		6		8.797	6.905	0.294	46.95	2.31	8.64	74.38	2.90	14.02	19.51	1.49	6.67	84.55	2.07
		7		10.160	7.976	0.294	53.57	2.30	9.93	84.96	2.89	16.02	22.18	1.48	7.44	98.71	2.11
		8		11.503	9.030	0.294	59.96	2.28	11.20	95.07	2.88	17.03	24.86	1.47	8.19	112.97	2.15
		10		14.126	11.089	0.293	71.98	2.26	13.64	113.92	2.84	21.49	30.05	1.46	9.56	141.71	2.22
8	80	5	9	7.912	6.211	0.315	48.79	2.48	8.34	77.33	3.13	13.67	20.25	1.60	6.66	85.36	2.15
		6		9.397	7.376	0.314	57.35	2.47	9.87	90.98	3.11	16.08	23.72	1.59	7.65	102.50	2.19
		7		10.860	8.525	0.314	65.58	2.48	11.37	104.07	3.10	18.40	27.09	1.58	8.58	119.70	2.23
		8		12.303	9.658	0.314	73.49	2.44	12.83	116.60	3.03	20.61	30.39	1.57	9.46	136.97	2.27
		10		15.126	11.874	0.313	88.43	2.42	15.64	140.09	3.04	24.76	36.77	1.56	11.08	171.74	2.35
9	90	6	10	10.637	8.350	0.354	82.77	2.79	12.61	131.26	3.51	20.63	34.28	1.80	9.95	145.87	2.44
		7		12.301	9.656	0.354	94.83	2.78	14.54	150.47	3.50	23.64	39.18	1.78	11.19	170.30	2.48
		8		13.944	10.946	0.353	106.47	2.76	16.42	168.97	3.48	26.55	43.97	1.78	12.35	194.80	2.52
		10		17.167	13.476	0.353	128.58	2.74	20.07	203.90	3.45	32.04	53.26	1.76	14.52	244.07	2.59
		12		20.306	15.940	0.352	149.22	2.71	23.57	236.21	3.41	37.12	62.22	1.75	16.49	293.76	2.67

角钢号数	尺寸/mm			截面面积/cm²	理论重量/(kg/m)	外表面积/(m²/m)	参考数值												
	b	d	r				x-x			x0-x0			y0-y0			x1-x1	z0/cm
							I_x/cm⁴	i_x/cm	W_x/cm³	I_{x0}/cm⁴	i_{x0}/cm	W_{x0}/cm³	I_{y0}/cm⁴	i_{y0}/cm	W_{y0}/cm³	I_{x1}/cm⁴	
10	100	6	12	11.932	9.366	0.393	114.95	3.10	15.68	181.98	3.90	25.74	47.92	2.00	12.69	200.07	2.67
		7		13.796	10.830	0.393	131.86	3.09	18.10	208.97	3.89	29.55	54.74	1.99	14.26	233.54	2.71
		8		15.638	12.276	0.393	148.24	3.08	20.47	235.07	3.88	33.24	61.41	1.98	15.75	267.09	2.76
		10		19.261	15.120	0.392	179.51	3.05	25.06	284.68	3.84	40.26	74.35	1.96	18.54	334.43	2.84
		12		22.800	17.898	0.391	208.90	3.08	29.48	330.95	3.81	46.80	86.84	1.95	21.08	402.34	2.91
		14		26.256	20.611	0.391	236.53	3.00	33.73	374.06	3.77	52.90	99.00	1.94	23.44	470.75	2.99
		16		29.627	23.257	0.390	262.53	2.98	37.82	414.16	3.74	58.57	110.89	1.94	25.63	539.80	3.06
11	110	7	12	15.196	11.928	0.433	177.16	3.41	22.05	280.94	4.30	36.12	73.38	2.20	17.51	310.64	2.96
		8		17.238	13.532	0.433	199.46	3.40	24.95	316.49	4.28	40.69	82.42	2.19	19.39	355.20	3.01
		10		21.261	16.690	0.432	242.19	3.38	30.60	384.39	4.25	49.42	99.98	2.17	22.91	444.65	3.09
		12		25.200	19.782	0.431	282.55	3.35	36.05	443.17	4.22	57.62	116.93	2.15	26.15	534.60	3.16
		14		29.056	22.809	0.431	320.71	3.32	41.31	508.01	4.18	65.31	133.40	2.14	29.1	625.16	3.24
12.5	125	8	14	19.750	15.504	0.492	297.03	3.88	32.52	470.89	4.88	53.28	123.16	2.50	25.86	521.01	3.37
		10		24.373	19.133	0.491	361.67	3.85	39.97	573.89	4.85	64.93	149.46	2.48	30.62	651.93	3.45
		12		28.912	22.696	0.491	423.16	3.83	41.17	671.44	4.82	75.96	174.88	2.46	35.03	783.42	3.53
		14		33.367	26.193	0.490	481.65	3.80	54.16	763.73	4.78	86.41	199.57	2.45	39.13	915.61	3.61
14	140	10	14	27.373	21.484	0.551	514.65	4.34	50.58	817.27	5.46	82.56	212.04	2.78	39.20	915.11	3.82
		12		32.512	25.522	0.551	603.68	4.31	59.80	958.79	5.43	96.85	248.57	2.76	45.02	1099.28	3.90
		14		37.567	29.490	0.550	688.81	4.28	68.75	1093.56	5.40	110.47	284.06	2.75	50.45	1284.22	3.98
		16		42.539	33.393	0.549	770.24	4.26	77.46	1221.81	5.36	123.42	318.67	2.74	55.55	1470.07	4.06

土木工程力学基础（少学时）

土木工程力学基础（少学时）

角钢号数	尺寸/mm			截面面积 /cm²	理论重量 /(kg/m)	外表面积 /(m²/m)	参考数值											
	b	d	r				x-x			x0-x0			y0-y0			x1-x1	z0 /cm
							I_x /cm⁴	i_x /cm	W_x /cm³	I_{x0} /cm⁴	i_{x0} /cm	W_{x0} /cm³	I_{y0} /cm⁴	i_{y0} /cm	W_{y0} /cm³	I_{x1} /cm⁴	
16	160	10	16	31.502	24.729	0.630	779.52	4.98	66.70	1237.30	6.27	109.36	321.76	3.20	52.76	1365.33	4.31
		12		37.441	29.391	0.630	916.58	4.95	78.98	1455.68	6.24	128.67	377.49	3.18	60.74	1639.57	4.39
		14		43.296	33.987	0.629	1048.36	4.92	90.95	1665.02	6.20	147.17	431.70	3.16	68.24	1914.68	4.47
		16		49.067	38.518	0.629	1175.08	4.39	102.63	1865.57	6.17	164.89	484.59	3.14	75.31	2190.82	4.55
18	180	12	16	42.241	33.159	0.710	1321.35	5.59	100.82	2100.10	7.05	165.00	542.61	3.58	78.41	2332.80	4.89
		14		48.896	38.383	0.709	1514.48	5.56	116.25	2407.42	7.02	189.14	621.53	3.56	88.38	2723.48	4.97
		16		55.467	43.542	0.709	1700.99	5.54	131.13	2703.37	6.98	212.40	698.60	3.55	97.83	3115.29	5.05
		18		61.955	48.634	0.708	1875.12	5.50	145.64	2988.24	6.94	234.78	762.01	3.51	105.14	3502.43	5.13
20	200	14	18	54.642	42.894	0.788	2103.55	6.20	144.70	3343.26	7.82	236.40	863.83	3.98	111.82	3734.10	5.49
		16		62.013	48.680	0.788	2366.15	6.18	163.65	3760.89	7.79	265.93	971.41	3.96	123.96	4270.39	5.54
		18		69.301	54.401	0.787	2620.64	6.15	182.22	4164.54	7.75	294.48	1076.74	3.94	135.52	4808.13	5.62
		20		76.505	60.056	0.787	2867.30	6.12	200.42	4554.55	7.72	322.06	1180.04	3.93	146.55	5347.51	5.69
		24		90.661	71.168	0.785	2338.25	6.07	236.17	5294.97	7.64	374.41	1381.53	3.90	166.55	6457.16	5.87

注:1. $r_1 = \frac{1}{3}d$，$r_2 = 0$，$r_0 = 0$。

2. 角钢长度：

| 钢号 | 2～4号 | 4.5～8号 | 9～14号 | 16～20号 |
| 长度 | 3～9 m | 4～12 m | 4～19 m | 6～19 m |

3. 一般采用材料:A2、A3、A5、A3F。

2. 热轧不等边角钢（GB 9788—88）

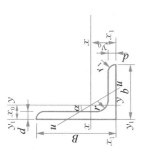

符号意义：
B——长边宽度；
b——短边宽度；
d——边厚；
r——内圆弧半径；
r_1——边端内弧半径；
I——截面二次矩（惯性矩）；
i——惯性半径；
W——截面系数；
x_0——重心距离；
y_0——重心距离。

角钢号数	B	b	d	r	截面面积 /cm²	理论重量 /(kg/m)	外表面积 /(m²/m)	参考数值 $x-x$			$y-y$			x_1-x_1		y_1-y_1		$u-u$			
								I_x /cm⁴	i_x /cm	W_x /cm³	I_y /cm⁴	i_y /cm	W_y /cm³	I_{x1} /cm⁴	y_0 /cm	I_{y1} /cm⁴	x_0 /cm	I_u /cm⁴	i_u /cm	W_u /cm³	$\tan\alpha$
6.3/4	63	40	4	7	4.058	3.185	0.202	16.49	2.02	3.87	5.23	1.14	1.70	33.30	2.04	8.63	0.92	3.12	0.88	1.40	0.398
			5		4.993	3.920	0.202	20.02	2.00	4.74	6.31	1.12	2.71	41.63	2.08	10.86	0.95	3.76	0.87	1.71	0.396
			6		5.908	4.638	0.201	23.36	1.96	5.59	7.29	1.11	2.43	49.98	2.12	13.12	0.99	4.34	0.86	1.99	0.393
			7		6.802	5.339	0.201	26.53	1.98	6.40	8.24	1.10	2.78	58.07	2.15	15.47	1.03	4.97	0.86	2.29	0.389
7/4.5	70	45	4	7.5	4.547	3.570	0.226	23.17	2.26	4.86	7.55	1.29	2.17	45.92	2.24	12.26	1.02	4.40	0.98	1.77	0.410
			5		5.609	4.403	0.225	27.95	2.23	5.92	9.13	1.28	2.65	57.10	2.28	15.39	1.06	5.40	0.98	2.19	0.407
			6		6.647	5.218	0.225	32.54	2.21	6.95	10.62	1.26	3.12	68.35	2.32	18.58	1.09	6.35	0.98	2.59	0.404
			7		7.657	6.011	0.225	37.22	2.20	8.03	12.01	1.25	3.57	79.99	2.36	21.84	1.13	7.16	0.97	2.94	0.402

土木工程力学基础（少学时）

（续表）

角钢号数	尺寸/mm				截面面积/cm²	理论重量/(kg/m)	外表面积/(m²/m)	参考数值													
								x-x			y-y			x1-x1		y1-y1		u-u			
	B	b	d	r				I_x/cm⁴	i_x/cm	W_x/cm³	I_y/cm⁴	i_y/cm	W_y/cm³	I_{x1}/cm⁴	y_0/cm	I_{y1}/cm⁴	x_0/cm	I_u/cm⁴	i_u/cm	W_u/cm³	tanα
(7.5/5)	75	50	5	8	6.125	4.808	0.245	34.86	2.39	6.83	12.61	1.44	3.30	70.00	2.40	21.04	1.17	7.41	1.10	2.74	0.485
			6		7.260	5.699	0.245	41.12	2.38	8.12	14.70	1.42	3.88	84.30	2.44	25.37	1.21	8.54	1.08	3.19	0.435
			8		9.467	7.431	0.244	52.39	2.35	10.52	18.53	1.40	4.99	112.50	2.52	34.23	1.29	10.87	1.07	4.10	0.429
			10		11.590	9.098	0.244	62.71	2.33	12.79	21.96	1.38	6.04	140.80	2.60	43.43	1.36	13.10	1.06	4.99	0.423
8/5	80	50	5	8	6.375	5.005	0.255	41.96	2.56	7.78	12.82	1.42	3.32	85.21	2.60	21.06	1.14	7.66	1.10	2.74	0.388
			6		7.560	5.935	0.255	49.49	2.56	9.25	14.95	1.41	3.91	102.53	2.65	25.41	1.18	8.85	1.08	3.20	0.387
			7		8.724	6.848	0.255	56.16	2.54	10.58	16.96	1.39	4.48	119.33	2.69	29.82	1.21	10.18	1.08	3.70	0.384
			8		9.867	7.745	0.254	62.83	2.52	11.92	18.85	1.38	5.03	136.41	2.73	34.32	1.25	11.38	1.07	4.16	0.381
9/5.6	90	56	5	9	7.212	5.661	0.287	60.45	2.90	9.92	18.32	1.59	4.21	121.32	2.91	29.53	1.25	10.98	1.23	3.49	0.385
			6		8.557	6.717	0.286	71.03	2.88	11.74	21.42	1.58	4.96	145.59	2.95	35.58	1.29	12.90	1.23	4.13	0.384
			7		9.880	7.756	0.286	81.01	2.86	13.49	24.36	1.57	5.70	169.66	3.00	41.71	1.33	14.67	1.22	4.72	0.382
			8		11.183	8.779	0.286	91.03	2.85	15.27	27.15	1.56	6.41	194.17	3.04	47.98	1.36	16.34	1.21	5.29	0.380
10/6.3	100	63	6	10	9.617	7.560	0.320	99.06	3.21	164.4	30.94	1.79	6.35	199.71	3.24	50.50	1.43	18.42	1.38	5.25	0.394
			7		11.111	8.722	0.320	113.45	3.29	16.88	35.26	1.78	7.29	233.00	3.23	59.14	1.47	21.00	1.38	6.02	0.393
			8		12.584	9.878	0.319	127.37	3.18	19.08	39.39	1.77	8.21	266.32	3.32	67.88	1.50	23.50	1.37	6.78	0.391
			10		15.467	12.142	0.319	153.81	3.15	23.32	47.12	1.74	9.98	333.06	3.40	35.73	1.58	28.33	1.35	8.24	0.387

（续表）

角钢号数	尺寸/mm				截面面积/cm²	理论重量/(kg/m)	外表面积/(m²/m)	参考数值														
	B	b	d	r				x−x			y−y			x₁−x₁		y₁−y₁		u−u			
								I_x/cm⁴	i_x/cm	W_x/cm³	I_y/cm⁴	i_y/cm	W_y/cm³	I_{x1}/cm⁴	y_0/cm	I_{y1}/cm⁴	x_0/cm	I_u/cm⁴	i_u/cm	W_u/cm³	$\tan\alpha$
10/8	100	80	6	10	10.637	8.350	0.354	107.04	3.17	15.19	61.24	2.40	10.16	199.83	2.95	102.68	1.97	31.65	1.72	8.37	0.627
			7		12.301	9.656	0.354	122.73	3.16	17.52	70.08	2.39	11.71	233.20	3.00	119.98	2.01	36.17	1.72	9.60	0.626
			8		13.944	10.946	0.353	137.92	3.14	19.81	78.58	2.37	13.21	266.61	3.04	137.37	2.05	40.58	1.71	10.80	0.625
			10		17.167	13.476	0.353	166.37	3.12	24.24	94.65	2.35	16.12	333.63	3.12	172.48	2.13	49.10	1.69	13.12	0.622
11/7	110	70	6	10	10.637	8.350	0.354	133.37	3.54	17.85	42.92	2.01	7.90	265.78	3.53	69.08	1.57	25.36	1.54	6.53	0.403
			7		12.301	9.656	0.354	153.00	3.53	20.00	49.01	2.00	9.09	310.07	3.57	80.82	1.61	28.95	1.53	7.50	0.402
			8		13.944	10.946	0.353	172.04	3.51	23.30	54.87	1.98	10.25	354.39	3.62	92.70	1.65	32.45	1.53	8.45	0.401
			10		17.167	13.476	0.353	208.39	3.48	28.54	65.88	1.96	12.48	443.13	3.70	116.83	1.72	39.20	1.51	10.29	0.397
12.5/8	125	80	7	11	14.096	11.066	0.403	227.98	4.02	26.86	74.42	2.30	12.01	454.99	4.01	120.32	1.80	43.81	1.76	9.92	0.408
			8		15.989	12.551	0.403	256.77	4.01	30.41	83.49	2.28	13.56	519.99	4.06	137.85	1.84	49.15	1.75	11.18	0.407
			10		19.712	15.474	0.402	312.04	3.98	37.33	100.67	2.26	16.56	650.09	4.14	173.40	1.92	59.45	1.74	13.64	0.404
			12		23.351	18.330	0.402	364.41	3.95	44.01	116.67	2.24	19.43	780.39	4.22	209.67	2.00	69.35	1.72	16.01	0.400
14/9	140	90	8	12	18.038	14.160	0.452	365.64	4.50	38.48	120.69	2.59	17.34	730.53	4.50	195.79	2.04	70.83	1.98	14.31	0.411
			10		22.261	17.475	0.452	445.50	4.47	47.31	146.03	2.56	21.22	913.20	4.58	245.92	2.12	85.82	1.96	17.48	0.409
			12		26.400	20.724	0.451	521.59	4.44	55.87	169.79	2.54	24.95	1096.09	4.66	296.89	2.19	100.21	1.95	20.54	0.406
			14		30.456	23.908	0.451	594.10	4.42	64.18	192.10	2.51	28.54	1279.20	4.74	348.82	2.27	114.13	1.94	23.52	0.403

(续表)

角钢号数	尺寸/mm				截面面积/cm²	理论重量/(kg/m)	外表面积/(m²/m)	参考数值														
								x－x			y－y			x₁－x₁		y₁－y₁		u－u			
	B	b	d	r				I_x/cm⁴	i_x/cm	W_x/cm³	I_y/cm⁴	i_y/cm	W_y/cm³	I_{x1}/cm⁴	y_0/cm	I_{y1}/cm⁴	x_0/cm	I_u/cm⁴	i_u/cm	W_u/cm³	$\tan\alpha$
16/10	160	100	10	13	25.315	19.872	0.512	668.69	5.14	62.13	205.03	2.85	26.55	1362.89	5.24	336.59	2.28	121.74	2.19	21.92	0.390
			12		30.054	23.592	0.511	784.91	5.11	73.49	239.06	2.82	31.28	1635.56	5.32	405.94	2.36	142.33	2.17	25.79	0.383
			14		34.709	27.247	0.510	896.30	5.08	84.56	271.20	2.80	35.83	1908.50	5.40	476.42	2.43	162.23	2.16	29.66	0.385
			16		39.281	30.835	0.510	1003.04	5.05	95.33	301.60	2.77	40.24	2181.79	5.48	548.22	2.51	182.57	2.13	33.44	0.382
18/11	180	110	10	14	28.373	22.273	0.571	956.25	5.80	78.96	278.11	3.13	32.49	1940.40	5.39	447.22	2.44	166.50	2.42	26.88	0.376
			12		33.712	26.464	0.571	1124.72	5.78	93.53	325.03	3.10	38.32	2328.38	5.98	538.94	2.52	194.87	2.40	31.66	0.374
			14		38.967	30.589	0.570	1286.91	5.75	107.76	369.55	3.08	43.97	2716.60	6.06	631.95	2.59	222.30	2.39	36.82	0.372
			16		44.139	34.649	0.569	1443.06	5.72	121.64	411.85	3.06	49.44	3105.15	6.14	726.46	2.67	248.94	2.38	40.87	0.369
20/12.5	200	125	12	14	37.912	29.761	0.641	1570.90	6.44	116.73	483.16	3.57	49.99	3193.85	6.54	787.74	2.83	285.79	2.74	41.23	0.392
			14		43.867	34.436	0.640	1800.97	6.41	134.65	550.83	3.54	57.44	3726.17	6.62	922.47	2.91	326.58	2.73	47.34	0.390
			16		49.739	39.045	0.639	2023.35	6.38	152.18	615.44	3.52	64.69	4258.86	6.70	1053.86	2.99	366.21	2.71	53.32	0.388
			18		55.526	43.588	0.639	2238.30	6.35	169.33	677.19	3.49	71.74	4792.00	6.78	1197.13	3.06	404.83	2.70	59.18	0.385

注:1. $r_1 = \frac{1}{3}l$,$r_2 = 0$,$r_3 = 9$。

2. 角钢长度:6.3/4~9/5.6号,长 4~12 m;10/6.3~14/9号,长 4~19 m;16/10~20/12.5号,长 6~19 m。

3. 一般采用材料:A2、A3、A5、A3F。

3. 热轧普通工字钢（GB 706—88）

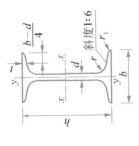

符号意义：

h——高度；
b——腿宽；
d——腰厚；
t——平均腿厚；
r——内圆弧半径；
r_1——腿端圆弧半径；
I——截面二次矩（惯性矩）；
W——截面系数；
i——惯性半径；
S——半截面的面积矩。

型号	尺寸/mm						截面面积 /cm²	理论重量 /(kg/m)	参考数值						
									$x-x$				$y-y$		
	h	b	d	t	r	r_1			I_x /cm⁴	W_x /cm³	i_x /cm	$\frac{I_x}{S_x}$ /cm	I_y /cm⁴	W_y /cm³	i_y /cm
10	100	68	4.5	7.6	6.5	3.3	14.3	11.2	245	49	4.14	8.59	33	9.72	1.52
12.6	126	74	5	8.4	7	3.5	18.1	14.2	488.43	77.529	5.195	10.85	46.906	12.677	1.609
14	140	80	5.5	9.1	7.5	3.8	21.5	16.9	712	102	5.76	12	64.4	16.1	1.73
16	160	88	6	9.9	8	4	26.1	20.5	1130	141	6.68	13.8	93.1	21.2	1.89
18	180	94	6.5	10.7	8.5	4.3	30.6	24.1	1660	185	7.36	15.4	122	26	2
20a	200	100	7	11.4	9	4.5	35.5	27.9	2370	237	8.15	17.2	158	31.5	2.12
20b	200	102	9	11.4	9	4.5	39.5	31.1	2500	250	7.96	16.9	169	33.1	2.06
22a	220	110	7.5	12.3	9.5	4.8	42	33	3400	309	8.99	18.9	225	40.9	2.31
22b	220	112	9.5	12.3	9.5	4.8	46.4	36.4	3570	325	8.78	18.7	239	42.7	2.27
25a	250	116	8	13	10	5	48.5	38.1	5023.54	401.88	10.18	21.58	280.046	48.283	2.403
25b	250	118	10	13	10	5	53.5	42	5283.96	422.72	9.938	21.27	309.297	52.423	2.404
28a	280	122	8.5	13.7	10.5	5.3	55.45	43.4	7114.14	508.15	11.32	24.62	345.051	56.565	2.495
28b	280	124	10.5	13.7	10.5	5.3	61.05	47.9	7480	534.29	11.08	24.24	379.496	61.209	2.493

型号	尺寸/mm						截面面积/cm²	理论重量/(kg/m)	参考数值						
	h	b	d	t	r	r₁			x-x				y-y		
									I_x/cm⁴	W_x/cm³	i_x/cm	$\frac{I_x}{S_x}$/cm	I_y/cm⁴	W_y/cm³	i_y/cm
32a	320	130	9.5	15	11.5	5.8	67.05	52.7	11075.5	692.2	12.84	27.46	459.93	70.758	2.619
32b	320	132	11.5	15	11.5	5.8	73.45	57.7	11621.4	726.33	12.58	27.09	501.53	75.989	2.614
32c	320	134	13.5	15	11.5	5.8	79.95	62.8	12167.5	760.47	12.34	26.77	543.81	81.166	2.608
36a	360	136	10	15.8	12	6	76.3	59.9	15760	875	14.4	30.7	552	81.2	2.69
36b	360	138	12	15.8	12	6	83.5	65.6	16530	919	14.1	30.3	582	84.3	2.64
36c	360	140	14	15.8	12	6	90.7	71.2	17310	962	13.8	29.9	612	87.4	2.6
40a	400	142	10.5	16.5	12.5	6.3	86.1	67.6	21720	1090	15.9	34.1	660	93.2	2.77
40b	400	144	12.5	16.5	12.5	6.3	94.1	73.8	22780	1140	15.6	33.6	692	96.2	2.71
40c	400	146	14.5	16.5	12.5	6.3	102	80.1	23850	1190	15.2	33.2	727	99.6	2.65
45a	450	150	11.5	18	13.5	6.8	102	80.4	32240	1430	17.7	38.6	855	114	2.89
45b	450	152	13.5	18	13.5	6.8	111	87.4	33760	1500	17.4	38	894	118	2.84
45c	450	154	15.5	18	13.5	6.8	120	94.5	35280	1570	17.1	37.6	938	122	2.79
50a	500	158	12	20	14	7	119	93.6	46470	1860	19.7	42.8	1120	142	3.07
50b	500	160	14	20	14	7	129	101	48560	1940	19.4	42.4	1170	146	3.01
50c	500	162	16	20	14	7	139	109	50640	2080	19	41.8	1220	151	2.96
56a	560	166	12.5	21	14.5	7.3	135.25	106.2	65585.6	2342.31	22.02	47.73	1370.16	165.08	3.182
56b	560	168	14.5	21	14.5	7.3	146.45	115	68512.5	2446.69	21.63	47.17	1486.75	174.25	3.162
56c	560	170	16.5	21	14.5	7.3	157.35	123.9	71439.4	2551.41	21.27	46.66	1558.39	183.34	3.158

型号	尺 寸/mm						截面面积/cm²	理论重量/(kg/m)	参 考 数 值						
									x-x					y-y	
	h	b	d	t	r	r_1			I_x/cm⁴	W_x/cm³	i_x/cm	$\frac{I_x}{S_x}$/cm	I_y/cm⁴	W_y/cm³	i_y/cm
63a	630	176	13	22	15	7.5	154.9	121.6	93916.2	2981.47	24.62	54.17	1700.55	193.24	3.314
63b	630	178	15	22	15	7.5	167.5	131.5	98083.6	3163.98	24.2	53.51	1812.07	203.6	3.289
63c	630	180	17	22	15	7.5	180.1	141	102251.1	3298.42	23.82	52.92	1924.91	213.88	3.268

注:1. 工字钢长度:10～18号,长5～19 m;20～63号,长6～19 m。
2. 一般采用材料:A2、A3、A5、A3F。

4. 热轧普通槽钢(GB 707—1988)

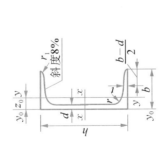

符号意义:
h——高度;
b——腿宽;
d——腰厚;
t——平均腿厚;
r——内圆弧半径;
r_1——腿端圆弧半径;
I——截面二次矩(惯性矩);
W——截面系数;
i——惯性半径;
z_0——$y-y$与y_0-y_0轴线间距离。

型号	尺 寸/mm						截面面积/cm²	理论重量/(kg/m)	参 考 数 值						y_0-y_0	z_0/cm
									x-x			y-y				
	h	b	d	t	r	r_1			W_x/cm³	I_x/cm⁴	i_x/cm	W_y/cm³	I_y/cm⁴	i_y/cm	I_{y0}/cm⁴	
5	50	37	4.5	7	7	3.5	6.93	5.44	10.4	23	1.94	3.55	8.3	1.1	20.9	1.35
6.3	63	40	4.8	7.5	7.5	3.75	8.444	6.63	16.123	50.786	2.453		11.872	1.185	28.38	1.36

土木工程力学基础(少学时)

型号	尺寸/mm h	b	d	t	r	r_1	截面面积/cm²	理论重量/(kg/m)	$x-x$ W_x/cm³	I_x/cm⁴	i_x/cm	$y-y$ W_y/cm³	I_y/cm⁴	i_y/cm	y_0-y_0 I_{y0}/cm⁴	z_0/cm
8	80	43	5	8	8	4	10.24	8.04	25.3	101.3	3.15	5.79	16.6	1.27	37.4	1.43
10	100	48	5.3	8.5	8.5	4.25	12.74	10	39.7	193.3	3.95	7.8	25.6	1.41	54.9	1.52
12.6	126	53	5.5	9	9	4.5	15.69	12.37	62.137	391.466	4.953	10.242	37.99	1.567	77.09	1.59
14a	140	58	6	9.5	9.5	4.75	18.51	14.53	80.5	563.7	5.52	13.01	53.2	1.7	107.1	1.71
b	140	60	8	9.5	9.5	4.75	21.31	16.73	87.1	609.4	5.35	14.12	61.1	1.69	120.6	1.67
16a	160	63	6.5	10	10	5	21.95	17.23	108.3	866.2	6.28	16.3	73.3	1.83	144.1	1.8
16	160	65	8.5	10	10	5	25.15	19.74	116.8	934.5	6.1	17.55	83.4	1.82	160.8	1.75
18a	180	68	7	10.5	10.5	5.25	25.69	20.17	141.4	1272.7	7.04	20.03	98.6	1.96	189.7	2.88
18	180	70	9	10.5	10.5	5.25	29.29	22.99	152.2	1369.9	6.84	21.52	111	1.95	210.1	1.84
20a	200	73	7	11	11	5.5	28.83	22.63	178	1780.4	7.86	24.2	128	2.11	244	2.01
20	200	75	9	11	11	5.5	32.83	25.77	191.4	1913.7	7.64	25.88	143.6	2.09	268.4	1.95
22a	220	77	7	11.5	11.5	5.75	31.84	24.99	217.6	2393.9	8.67	28.17	157.8	2.23	298.2	2.1
22	220	79	9	11.5	11.5	5.75	36.24	28.45	233.8	2571.4	8.42	30.05	176.4	2.21	326.3	2.03
a	250	78	7	12	12	6	34.91	27.47	269.597	3369.62	9.823	30.607	175.529	2.243	322.256	2.065
25b	250	80	9	12	12	6	39.91	31.39	282.402	3530.04	9.405	32.657	196.421	2.218	353.187	1.982
c	250	82	11	12	12	6	44.91	35.32	295.236	3690.45	9.065	35.926	218.415	2.206	384.133	1.921
a	280	82	7.5	12.5	12.5	6.25	40.02	31.42	340.328	4764.59	10.91	35.718	217.989	2.333	387.566	2.097
28b	280	84	9.5	12.5	12.5	6.25	45.62	35.81	366.48	5130.45	10.6	37.929	242.144	2.304	427.589	2.016
c	280	86	11.5	12.5	12.5	6.25	51.22	40.21	392.594	5496.32	10.35	40.301	267.602	2.286	462.597	1.951

型号	尺寸/mm						截面面积/cm²	理论重量/(kg/m)	参考数值							z₀/cm
									$x-x$			$y-y$			y_0-y_0	
	h	b	d	t	r	r_1			W_x/cm³	I_x/cm⁴	i_x/cm	W_y/cm³	I_y/cm⁴	i_y/cm	I_{y0}/cm⁴	z_0/cm
32a	320	88	8	14	14	7	43.7	38.22	474.879	7598.06	12.49	46.473	304.787	2.502	552.31	2.242
32b	320	90	10	14	14	7	55.1	43.25	509.012	8144.2	12.15	49.157	336.332	2.471	592.933	2.158
32c	320	92	12	14	14	7	61.5	48.28	543.145	8690.33	11.88	52.642	374.175	2.467	643.299	2.092
36a	360	96	9	16	16	8	60.89	47.8	659.7	11874.2	13.97	63.54	455	2.73	818.4	2.44
36b	360	98	11	16	16	8	68.09	53.45	702.9	12651.8	13.63	66.85	496.7	2.7	880.4	2.37
36c	360	100	13	16	16	8	75.29	50.1	746.1	13429.4	13.36	70.02	536.4	2.67	947.9	2.34
40a	400	100	10.5	18	18	9	75.05	58.91	878.9	17577.9	15.30	78.83	592	2.81	1067.7	2.49
40b	400	102	12.5	18	18	9	83.05	65.19	932.2	18644.5	14.98	82.52	640	2.78	1135.6	2.44
40c	400	104	14.5	18	18	9	91.05	71.47	985.6	19711.2	14.71	86.19	687.8	2.75	1220.7	2.42

注:1. 槽钢长度:5~8号,长5~12 m;10~18号,长5~19 m;20~40号,长6~9 m。

2. 一般采用材料:A2、A3、A5、A3F。

土木工程力学基础（少学时）